人一生不可不具备的
黄金心态

梁素娟　编著

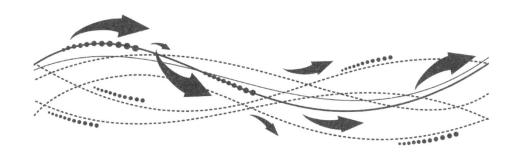

光明日报出版社

图书在版编目（CIP）数据

人一生不可不具备的黄金心态/梁素娟编著.－－北京：光明日报出版社，2011.6（2025.4重印）

ISBN 978-7-5112-1145-3

Ⅰ.①人… Ⅱ.①梁… Ⅲ.①成功心理—通俗读物 Ⅳ.① B848.4-49

中国国家版本馆 CIP 数据核字 (2011) 第 066302 号

人一生不可不具备的黄金心态

RENYISHENG BUKE BU JUBEI DE HUANGJIN XINTAI

编　著：梁素娟

责任编辑：温　梦　　　　　　　　　　责任校对：米　菲
封面设计：玥婷设计　　　　　　　　　责任印制：曹　净

出版发行：光明日报出版社
地　　址：北京市西城区永安路 106 号，100050
电　　话：010-63169890（咨询），010-63131930（邮购）
传　　真：010-63131930
网　　址：http://book.gmw.cn
E－mail：gmrbcbs@gmw.cn
法律顾问：北京市兰台律师事务所龚柳方律师

印　　刷：三河市嵩川印刷有限公司
装　　订：三河市嵩川印刷有限公司
本书如有破损、缺页、装订错误，请与本社联系调换，电话：010-63131930

开　　本：170mm×240mm
字　　数：210 千字　　　　　　　　　印　　张：15
版　　次：2011 年 6 月第 1 版　　　　印　　次：2025 年 4 月第 4 次印刷
书　　号：ISBN 978-7-5112-1145-3-02

定　　价：49.80 元

前　言

40多年前，在福建一个偏远的农村住着两个兄弟。因为贫穷，他们便决定背井离乡，到海外谋求发展。大哥似乎幸运些，来到了富裕的美国旧金山，弟弟却到了穷困的菲律宾。

经过多年奋斗，他们都有所成就。

哥哥当了旧金山的侨领，拥有两间餐馆、两间洗衣店和一间杂货铺，而且子孙满堂。儿孙中，有的承继他的事业，有的成了杰出的专业人才。

弟弟呢，居然成了一位享誉世界的银行家，拥有东南亚一部分的山林、橡胶园和银行。

分别了40年的两兄弟终于再次见面，他们百感交集，向对方倾诉分别以后各自的经历。哥哥说："我初到白人的社会，没有什么特别的才干，唯有用一双手煮饭给白人吃，为他们洗衣服。总之，白人不肯做的工作，我们统统顶上了。生活是没有问题的，但却不敢奢望有其他的作为了。例如我的子孙，书虽然读得不少，但不敢妄想有什么成就，唯有安安分分地从事一些中层的技术性工作来谋生。"

看见弟弟这般成功，做哥哥的不免羡慕弟弟的幸运。弟弟却说："我的成功不是靠运气得来的。初到菲律宾的时候，我做一些社会底层的工作，但我发现当地的人有些是比较懒惰的，于是便接手他们放弃的事业，慢慢不断收购和扩张，生意便逐渐做大了。"

是什么造成两兄弟的成就有如此大的差别？

答案是积极乐观的黄金心态。

黄金心态是一个人内心一种持续的精神状态，是积极、乐观、豁达、知足、自信的心智模式。兄弟二人有不同的心态，也就造就了他们不同的人生结果。哥哥虽然到了条件比较好的旧金山，但他的心态是将自己定位在为别人服务的阶层上，只是开了几家小店；而弟弟却不断进取，发挥自己的才干，为了成功不断努力，最终成为享誉世界的银行家。可以说，两兄弟都是成功的，但是一个人心态的高度，决定了他最终会取得何种成就。

从上面这个故事中，我们可以看出黄金心态在一个人成长发展过程中所起的作用是多么的重要。有的人坚强乐观，成为生活中的强者；有的人胆小懦弱，被生活所奴役；有的人平和豁达，是生活的智者；有的人斤斤计较，永远被得失困扰；有的人志存高远，成就了一番事业；有的人目光短浅，只能困在自己的一方小天地中……好的心态，可以塑造成功的人生，而坏的心态，则会让你的人生暗淡无光。

所以，使人走向成功的好心态，就像闪闪发光的金子，璀璨耀眼，弥足珍贵。

一位哲人说："你的心态就是你真正的主人。"

一位伟人说："要么你去驾驭生命，要么生命驾驭你。你的心态决定谁是坐骑，谁是骑师。"

综观那些成就一番事业的成功人士，他们的成功都不是偶然的。邓小平平和睿智，于大起大落中坚守信念，成为中国改革开放的总设计师；司马迁忍辱负重，终于铸就"史家之绝唱"——《史记》；爱迪生锲而不舍，在试验了1000多种材料以后，终于发明了电灯；比尔·盖茨勇敢地走自己的路，建造了自己的微软帝国……这些大人物之所以能够取得如此大的成就，是因为他们无论遇到何种境遇，困难有多大，始终保持积极向上的黄金心态。

一个人若想拥有成功，首先就必须拥有成功的黄金心态，这样才能够驾驭自己的命运。本书总结了人在成功之路上应具备的黄金心态，分别是：乐观心态、积极心态、平和心态、强者心态、共赢心态、老板心态、务实心态、创新心态、感恩心态、包容心态，援引大量成功人士的案例，理论与实践并重，深入阐述了黄金心态在人生成功道路上的重要作用，它们就像一盏盏明灯，指引人们走向成功之路。

我们每个人在出生时都处于同一起点，谁也没有比别人多只眼睛或少只耳朵，但为什么长大后会有成功与失败之分，卓越与平庸之别？原因之一是因为那些平庸者和失败者缺少了成功的黄金心态。他们在生活中，总是得过且过；遇到困难时，不能迎难而上；遭遇失败时，便会自暴自弃……灰暗的心态让他们的人生越走越暗，使他们成为碌碌无为的蝼蚁之族中的一员。那些成功者则敢于挑战，不断超越自我，在成绩面前不自满，失败后更加奋发进取，用成功的黄金心态为自己打造了一座成功的殿堂。

人生是一座丰富的宝藏，而黄金心态则是打开这座宝藏之门的金钥匙。

愿本书能够帮助读者抛却悲观消极的灰暗心态，塑造阳光乐观的黄金心态，用黄金心态修炼自我，正视现实，打造成功的黄金人生。

目　录

CONTENTS

第一章　乐观心态：营造成功的心境

第二章　积极心态：走向成功的动力

第三章　平和心态：开拓成功的道路

第四章　强者心态：扫除成功的障碍

第五章 共赢心态：分享成功的秘诀

第六章　老板心态：打开成功的钥匙

第七章　务实心态：奠定成功的基石

第八章　创新心态：挑战成功的极限

第一章

乐观心态：
营造成功的心境

解读乐观心态

乐观源于自我肯定

要想获得乐观心态，我们必须首先知道什么是乐观。乐观是无论在什么样的情况下，都可以保持良好的心态，在厄运中依然能够感受快乐的心境。乐观者通常会用快乐去感染他周围的环境。心理学家对快乐的定义是，一种主观上安乐的状态——平衡而满足的内在感受。当我们拥有快乐的时候，会喜爱自己，热爱生活，能够从每一天当中得到乐趣。

许多看似与快乐联系在一起的因素——财富、盛名和好运——其实只是假象。研究发现，在富有的美国和欧洲，财富与乐观之间的相互联系微乎其微——事实上几乎没有联系。甚至连那些巨富也比普通人快乐不了多少。

真正的乐观心态，其实与外在无关，它更多的是源于内心，源于对自己的自我肯定。

有这样一则寓言：一天，皇帝独自在花园里散步，但他惊讶地发现，花园里所有的植物都枯萎了，一片荒凉。原来橡树由于没有松树那么高大挺拔，轻生厌世死了；松树因自己不能像葡萄那样结许多果子，也死了；葡萄哀叹自己终日匍匐在架上，不能直立，不能像桃树那样开出美丽可爱的花朵，于是也死了；牵牛花也病倒了，因为它叹息自己没有紫丁香那样芬芳；其余的植物也都垂头丧气，没精打采，只有细小的心安草在茂盛地生长。

皇帝问道："小小的心安草，别的植物全都枯萎了，为什么你这么勇敢乐观，毫不沮丧呢？"

小草回答说："皇帝啊，我一点也不灰心失望，因为我知道，如果皇帝您想要一棵橡树，或者一棵松树、一丛葡萄、一株桃树、一株牵牛花、一棵紫丁香等，您就会叫园丁把它们种上，而我知道您希望于我的就是要我安心做小小的心安草。"

正是由于小草不自我贬低，肯定自我，才能够在花园中快乐地成长。做人就应该像小草这样，而不是像园里的其他植物，一味地看到别人的长处，看不到自己的优点而贬低自己。这种连自己都无法认清、失去自信的人，也就无法拥有乐观的心态。

乐观如此简单，只要找到自己值得肯定的地方，用自信驱走那些悲观、那些遗憾，你就可以快乐地面对这个世界。

乐观是操之在我的"心造幸福"

"操之在我"可以理解为：自己情绪的控制完全在于自己，完全把握自己的情绪，不被别人所左右。

不能操之在我，你将受制于人，受制于人的人被自然环境左右，比如被天气左右，天气好心情好，天气不好心情不好；受制于人的人被别人左右，别人的行为会伤害他，别人的语言会伤害他。操之在我的人是理智重于感情的人，不会让别人的行为伤害自己。

很多乐观的人都善于控制自己的情绪，让自己活在快乐之中。人生在世，总会经历很多悲伤与痛苦，如果不能操之在我，掌控自己的情绪，就会成为情绪的奴隶，又何来乐观心态？斯摩尔曾经说过："做情绪的主人，驾驭和把握自己的方向，使你的生命按照自己的意图前行。记住，你的心态是你——而且只是你唯一能够完全掌握的东西，学着控制你的情绪，并且利用积极心态来调节情绪，超越自己，走向成功。"

悲观的人总是受累于情绪，似乎烦恼、压抑、失落甚至痛苦总是接二连三地袭来，于是他们频频抱怨生活对自己不公平，企盼某一天欢乐突然降临。但喜怒哀乐是人之常情，想让自己生活中不出现一点烦心之事几乎是不可能的，关键是如何有效地调整、控制自己的情绪，做生活的主人，做情绪的主人。

　　昆仑山麓，水清草美。据说这一带盛产一种快乐果，凡是得到这种果的人，一定喜形于色，笑逐颜开，不知道烦恼为何物。

　　曾经有一个人，为了得到无尽的快乐，不惜跋山涉水，去找这种果。他历尽千辛万苦，终于到了昆仑山麓，在险峻的山崖上，他找到了这种快乐果，可是他却发现自己并没有得到预想中的快乐，反而感到一种空虚和失落。

　　这天晚上，他在山上一位老人的屋中借宿，面对皎洁的月光，他发出了一声长长的叹息。

　　老人闻声而至，问他："年轻人，什么事让你这样叹息呀？"

　　于是，他说出了心中的疑问：为什么已经得到快乐果的自己，却没有得到快乐呢？

　　老人一听就乐了，说："其实，快乐果并非昆仑山才有，而是人人心中都有。只要你有快乐的根，无论走到天涯海角，都能够得到快乐。"

　　老人的话让年轻人顿觉精神一振，又问："什么是快乐的根呢？"

　　老人就说："心就是快乐的根。"

　　可叹愚者，他虽然找到了快乐果，却没有找到快乐的根——心。被自己的情绪所奴役，以为找到了快乐果，就可以拥有快乐，而当快乐果没有带给他快乐时，又叹息不快。他完全被得失快乐果的心绪所主宰，而忘记了快乐由心而发的道理。

　　一个悲观主义者和一个乐观主义者一同在黄昏的路上散步，悲观主义者触景生情地说：太阳正在坠落；乐观主义者则说：群星正在升起。

　　同一件事情，不同的人有不同的看法。其实事物是客观存在，不会改变的，改变的是人的心境，所谓"境由心生"便是由此而发。

"乐观之境"便是一种幸福境界。这种幸福不是财富、权力、地位等所给予的，即使你贫穷、平凡，在别人看来一无所有，只要你能够主宰自己的情绪，让快乐做主，幸福便会由"心"制造。

即使遭遇不幸，你也可以主宰自己的快乐，用乐观驱走不幸。

米凯尔曾经是一个不幸的人。

在一次意外事故中，他身上65%以上的皮肤都被烧坏了，为此他动了16次手术。手术后，他无法拿起叉子，无法拨电话，也无法一个人上厕所，但以前曾是海军陆战队员的米凯尔从不认为他被打败了。他说："我完全可以掌握我自己的人生之船，我可以选择把目前的状况看成倒退或是一个起点。"6个月之后，他又能开飞机了！

米凯尔为自己在科罗拉多州买了一幢维多利亚式的房子，另外还买了一些房产、一架飞机及一家酒吧。他和两个朋友合资开了一家公司，专门生产以木材为燃料的炉子，这家公司后来成为佛蒙特州第二大私人公司。

在米凯尔开办公司后的第4年，他开飞机在起飞时不幸飞机摔回跑道，他的12块脊椎骨被压得粉碎，腰部以下永远瘫痪！"我不解的是为何这些事老是发生在我身上，我到底是造了什么孽？要遭到这样的报应？"

尽管这样，米凯尔仍不屈不挠，丝毫不放弃，他日夜努力使自己能达到最高限度的"独立自主"。后来他被选为科罗拉多州孤峰顶镇的镇长，职责是保护小镇的美景及环境，使之不因矿产的开采而遭受破坏。再后来他参加竞选国会议员，他用一句"不只是另一张小白脸"的口号，将自己难看的脸转化成一项有利的资本。

尽管面貌骇人、行动不便，米凯尔仍坠入爱河，且完成终身大事。他还拿到了公共行政硕士证书，并坚持他的飞行活动、环保运动及公共演说。

米凯尔说："我瘫痪之前可以做1万件事，现在我只能做9000件，我可以选择把注意力放在我无法再做的1000件事上，或是把目光放在我还能做的9000件事上。我的人生曾遭受过两次重大的挫折，但我选择不把挫折拿来当成放弃努力的借口，或许你们也可以从一个新的角度来看待一些一直让你们裹足不前的难题。退一步，想开一点，然后你就有机会说：'或许那也没什么大不了的！'"

如果米凯尔在事故发生之初便一蹶不振，哀叹自己的不幸，那么现在的他，只可能是躺在床上自怨自艾的可怜虫。

人生没有假设。正是因为米凯尔选择了不被情绪所掌控、乐观面对困境，才没有被命运扼住喉咙，而是用"心"为自己制造了一个幸福的天堂。

乐观就是享受过程

有这样一则故事，讲的是一个年轻人匆匆忙忙去寻找什么，路旁的人问他："你在找什么？"

他回答说："幸福。"说完就匆匆忙忙走了。

从青年到中年，再到老年，这个人一直在匆匆忙忙寻找着，每次都会碰到同样的人问同样的问题。他的回答仍是一样："幸福。"

最后，年轻人变成了老年人，步履蹒跚。他又碰到了路旁的那个人，那人仍然问他："你在找什么？""幸福。"不变的回答。

"你等一下，"路旁的人说，老年人迟疑地停了一下，"你要找的就是我。可是我每次问你，你都太匆忙，不能停下来听我说。"

幸福就在路上，可惜年轻人太过注重目标，忽略了途中的风景，在时间的流逝中碌碌无为，丧失了自己的青春与快乐。许多人何尝不是如此，总是忙忙碌碌地追求某个目标，忽视过程中的风景，更不用说享受其过程了。

其实，困扰来自你的内心，正所谓"天下本无事，庸人自扰之"。过分强求结果的完美，只会使过程变得空洞乏味，而结果也未必就能如你所愿。外因是变化的条件，只有内因才起决定作用，对于本来不必担忧的事，却整日愁眉不展，思前想后，结果可能顾此失彼。

所以，我们应该学会乐观面对，享受过程而不是过分注重结果。

拉尔夫·沃尔多·爱默生曾经说过："对于一件做得很漂亮的事情的奖赏，就是已经把它做好了。"当你实现一个目标，不管这个目标是什么，在此过程中，你都会不断成长。虽然你自己通常并不能察觉到这种成长，可是它却实实在在地发生着。因此，不要仅仅注重结果，更要知道过程使你发现了自身能力的新东西，并激发出了你身上更多的潜能，这些便是过程给你的奖赏。

在希腊传说中，大力士西西弗斯，因为触犯了神主宙斯，被罚以苦刑：将一块大石头从奥林帕斯山下推到山上。由于神的咒语，巨石在抵达山顶的刹那，总是自动滚落到山下。在这日复一日的循环劳动中，西西弗斯感到无望，甚至绝望；他的惩罚永远都不会结束！

但是有一天他忽然发觉，自己搬动巨石的每个动作都充满了力与美。于是，他专注地享受着自己劳动过程中的每一个动作。这时，一切的劳苦、疲惫和绝望都消失了。他开始全心享受这份苦役，不再抱怨、焦虑，只是凝注在当下的动作里。奇迹发生了，诅咒竟然就在这一刻解除，西西弗斯摆脱了永无休止的苦役重获了自由。

面对无望的结果，西西弗斯选择了享受过程。在对过程的欣赏中，他忘却了永无休止的苦役，生命由此柳暗花明，充满乐观。人生如一盘无解的玲珑棋局，与其苦苦思索无解的结局，不如享受这"下棋"的快乐。所谓退一步海阔天空，当我们懂得从另一个角度享受过程、享受生命的时候，束缚我们精神的"巨石诅咒"便会像雾一样散开。

如果人总是关注于目标本身，而很少关心目标实现的过程，过程当中的许多本可以唾手可得的美妙之处，就会被无情抛弃。其实，过程要比目标重要得多，在追求目标的过程中，享受过程的快乐会让你有很多意外之喜。如果一个人对身边唾手可得的美妙东西嗤之以鼻，那么，他可能会坐失良机。

人生的过程很长，我们何苦为了一次暂时的失败而放弃漫长而美好的生活呢？

不要只是一味地找寻目标，而忘记了享受人生的过程，真正可以让我们有所收获的是过程，而非目标。

忽略了人生中的乐趣与体验，即使达到了目标，又有什么快乐可言呢？这样，到达了目标便也就意味着到达了人生的尽头。

在生活中我们要懂得去珍惜、享受过程。所以，每当为一个目标而奋斗时，我们不只是期望快些到达目的地，还要细细体会过程中的甘甜美好。

每一次追寻目标的路途上，我们要让自己充分享受途中的一景一物。可以是蓝天里的白云，一望无际的朦胧天空，海天之间相连的海平线……欣赏过程中的风景，让你的人生不再乏味、单调，而是如一幅幅美丽的画面，让人回味无穷。

扫码获取更多资源

拥有乐观，快乐前行

乐观者眼里永远都是朝阳

关于悲观和乐观，最经典的一个故事是：

有两个人，一个悲观，一个乐观。有一天，他们在一起吃葡萄。悲观者吃葡萄时，从大粒开始吃，他所吃的每一粒都比上一粒小，所以，他心里充满了失望。乐观者吃葡萄时，从小的开始吃，所吃的每一粒都比上一粒大，所以他心里充满了快乐。后来，悲观者想换一种吃法，从小粒开始吃。可是在他看来，他吃到的都是最小的，他还是快乐不起来。乐观者也想换一种吃法，从大粒开始吃。在他看来，他吃到的都是最大的，他还是快乐的。

乐观的人总是能从平凡和不幸中发现美，在他们的眼中，生活里的每一处都有朝阳。威廉·华兹华斯曾有一首诗道出了这份独特心境，"我曾孤独地徘徊／像一缕云／独自飘荡在峡谷小山之间／忽然一片花丛映入眼帘／一大片金黄色的水仙／我凝视着——凝视着——但从未去想／这景象给我带来了什么财富／我的心从此充满了喜悦／随那黄水仙起舞翩跹"。生活中不乏阳光，阳光需要你去用心体会。伯特兰·罗素认为："一个人感兴趣的事情越多，快乐的机会也越多，而受命运摆布的可能性便越小。"

在乐观者眼中，所有的事都可以让他们快乐，即使不幸，也只是幸福的另一种解释。

一个十分悠闲的渔者去河边钓鱼，他发现了一个在河边哭泣要跳河的妇人。他问妇人："你为什么跳河？"

"我，我被丈夫抛弃了。"

"哦，你什么时候认识你丈夫的？"

"我是3年前认识他的，我们刚结婚一年他就另觅新欢不要我了。"妇人越说越伤心，真的要去跳河了。

"哦，你等等，"渔者问，"那3年前未遇见他时你是怎么活的？没有他你就必须跳河吗？"

"哦，3年前我没有遇见他，我生活得很好，很快乐。"

"是啊，你完全可以从头再来啊，只不过3年时间，他在你一生中只占几十分之一啊，干吗要为3年付出那么多呢？3年是可以用另外一个3年挽回的。而且，应该哭的是他，因为他失去了一个爱他的人；而你则应该庆幸，你失去的是一个不爱你的人。前面还有更大的幸福等着你。"

"是啊，我应该庆幸，谢谢你。"妇人谢过渔者，轻松地离开了。

同样的一件事，只是换了一个角度，我们就可以得到悲喜两种不同的结论。究竟是谁施的魔力，让被抛弃的妇人由悲转喜？是渔者的乐观劝导。在我们的生活中，在遇到困难不幸的时候，可能没有妇人幸运，她有渔者的智慧引导，但我们可以自己充当自己的渔者，怀有乐观心态，让一切不幸烟消云散。

乐观，一方面会受到客观现实的影响，但更主要的则取决于认知、思维方式。如果觉得不幸福，就会感到不幸；相反，只要心里想快乐，绝大部分人都能如愿以偿。很多时候，快乐并不取决于你是谁，你在哪儿，你在干什么，而取决于你当时的想法。两个人从同一个窗口往外看，一个人见到的是泥土，一个人见到的是星星。莎士比亚说："事情的好坏，多半是出自想法。"伊壁鸠鲁也说："人类不是被问题本身所困扰，而是被他们对问题的看法所困扰。"如果在我们眼中，一切都可以用快乐去解释，那么人生万事万物都能够引起我们的快乐。

如果我们心怀朝阳，我们就能够看到生活中光明的一面，即使在漆黑的夜晚，我们也知道星星仍在闪烁。一个心境乐观的人，在生活和工作中发现快乐，制造快乐，就能自觉而坚决地摒弃悲观的想法，不与阴霾灰暗为伍。我们既可能坚持悲观态度、执迷不悟，也可能相反，这都取决于我们自己。这个世界是我们自己创造的，因此，它属于我们每一个人，而真正拥有这个世界的人，是那些热爱生活、拥有快乐的人。也就是说，那些真正拥有快乐的人才会真正拥有这个世界。

其实，人在生命进程中享受。无论你多忙，都会有时间选择两件事：快乐还是不快乐。早上起床的时候，也许你自己并不晓得，不过你的确已经选择了让自己快乐还是不快乐。

或许我们一生中不见得有机会可以赢得大奖，更不要说诺贝尔奖或奥斯卡奖，大奖总是留给少数人的。虽然从理论上来说，每个刚出生的孩子都有当上总统的机会，但是实际上大多数人并没有使这个机会有存在的条件。

不过我们获得小奖的机会就大得多。每一个人都有机会得到一个拥抱，一个亲吻，或者只是一个微笑的欢迎！生活中到处都有小小的喜悦，也许只是一杯柠檬茶，一碗热汤，或是一轮美丽的落日。更大一些的乐趣也不是没有，生而自由的喜悦就够我们感激一生的了。这许许多多、点点滴滴都值得我们细细去品味，去咀嚼。也就是这些小小的快乐，让我们得到生命中的阳光，做一个乐观的小太阳，不仅照亮自己，还会照亮眼前的每一个事物。

用"心"微笑，让你充满活力

乐观的人，总爱用微笑来诠释自己的心灵。微笑有一种魅力，让人充满乐观的力量，永远活力四射。

我们永远无法阻止岁月的流逝，但是却可以阻止心灵的老去。很多人在身体还没有变老之前，心却先老了。在年轻的时候，我们以为自己45岁就一定老了，到50岁就日落西山了……这些都是因为我们忘了用"心"微笑。

奥利弗·霍尔姆斯80岁的时候，人们问他永葆活力的秘诀是什么？

他回答说："要保持愉快的心情，要对自己满意。我从来没有感到愿望得不到满足的痛苦……躁动、野心、不满、忧虑，所有的这些都会使皱纹过早地爬上额头，而皱纹不会出现在微笑的脸庞上。微笑是年轻的讯息，自我满足是年轻的源泉。"

还有一位著名的女演员说："我永远不会变老，因为我喜欢用'心'微笑，我在微笑中永远不会感到疲倦。当一个人幸福、充实和永不疲倦的时候，当他的精神永远年轻的时候，皱纹怎么会爬上他的额头呢？当我感到疲惫的时候，那不是我精神的疲惫，而是我身体的疲惫。"

我们不知道怎样留住自己的青春，所以我们才会变老，就像我们不知道怎么样留住健康，所以才会生病一样。无知和错误的思想导致了疾病的发生，一个思想达观、爱护身体的人怎么会轻易得病呢？如果他的思想永远是年轻的，那么即使是一个老人也能够像年轻人那样充满活力。据说长寿的人都是乐观的，如果你能够摒弃失望，用乐观的心态和真诚的微笑去面对困难，皱纹怎么会爬上你的额头呢？要知道，快乐是长寿的源泉。

要留住岁月的脚步，请你每天都快乐地微笑，请给你的生活增添一些多味的调料。

《一千零一夜》中智慧的化身所罗门留给我们一颗智慧的明珠："愉快的心情能治百病，沮丧和沉闷会使人疾病加身。"现代医学研究也表明，一个情绪乐观的人往往有健康的身体。

沙伦·贝格利博士在《笑的生理学》中解释说："一次大笑所产生的效果，相当于一次中等程度的体育锻炼，如腹部、胸部、肩部等的肌肉收缩，使心率加快和血压增高。在一次爆发性的大笑以后，脉搏的频率会加倍，从每分钟60次变为120次，心脏的收缩压会从平常的16千帕快升高到十分激动时的27千帕。"

泰国某公司为了保持员工们的活力和热情，安排了一个教导员工怎样开怀大笑的课程，利用大笑来提升员工的士气，让他们心情变好。

人是精神和肉体的统一体，身、心之间相互作用。一个人情绪的好坏直接影响到他的工作、生活和身体健康。从医学上看，笑是心理和生理健康的反应，是精神愉快的表现；笑能消除神经和精神的紧张，使大脑皮质得到休息，使肌肉放松。

笑还是一种特殊的健身运动。人一笑便引起眼、口周围的表情肌和胸腹部肌肉运动。"捧腹大笑"时连四肢的肌肉也一起运动，从而加快了血液循环，促进全身新陈代谢，提高抗病的能力。

笑对呼吸系统有良好的作用，随着朗朗的笑声，胸脯起伏，肺叶扩张，呼吸肌肉也跟着活动，好比一套欢笑呼吸操。笑是一种最有效的消化剂，愉快的心情能增加消化液的分泌，欢声笑语可促进消化道的活动，使人食欲大增。

伟大的生理学家巴甫洛夫认为："愉快可以使你感受到生命的每一次跳动和生活的每一个印象，躯体和精神上的愉快都是如此，可以使身体强健。"

微笑的作用如此巨大，它是一把打开"心窗"的钥匙。

"心窗"没有打开的时候，我们会感到窒息；"心窗"打开了，心和情绪才能够通达，心灵的视觉才更清晰。

一旦窗户打开了，情绪和心灵的空间也就豁然开朗，对于一些事情也能看得更透彻了，就能消除积存的烦恼，充满活力。

一位老妇人在晚年罹患了骨癌，苦不堪言。后来病情加剧，以至于行走都很困难，从此拐杖和轮椅便和她形影不离。即使如此，她还是用乐观的态度面对周围所有的事物。

她的屋子总是满载着笑声，访客还是如旧时一般络绎不绝。有时候，她想在床上多躺一会，于是，她的外孙们就到她房里去——3个不到8岁的小男孩围在床边。她会说故事给其中一个听，和一个玩游戏，同时，哄另一个睡觉。

最让人感动的是，就是在最痛苦的时候，她依然微笑面对每一个人。即使病情越来越严重，她仍总是说："这把老骨头今天总算有点起色了。"她从心底散发的微笑就好像磁铁，吸引了所有的人，让人不由自主地留在她身旁。

"心"的微笑，带给我们如此多的活力，让我们变得快乐而幸福。

奥格·曼迪诺在一篇名为《我要笑遍世界》的文章中这样写道：

我要笑遍世界。

只有人类才会笑。树木受伤时也会流"血"，禽兽也会因痛苦和饥饿而号啕与哀鸣，然而，只有人才具备笑的天赋，可以随时开怀大笑。从今往后，我要培养笑的习惯。

笑有助于消化，笑能减轻压力，笑是长寿的秘方。现在我终于掌握了它，我要笑遍世界。

……

我要用笑声点缀今天，我要用笑声照亮黑夜；我不再苦苦寻觅快乐，我要在繁忙的工作中忘记悲伤；我要享受今天的快乐，它不像粮食可以贮藏，更不似美酒越陈越香。我不是为将来而活，今天播种今天收获。

只要我能笑，我永远都不会贫穷。这也是天赋，我不再浪费它。只有在笑声和快乐中，我才能真正体尝到成功的滋味。只有在笑声和快乐中，我才品尝到劳动的果实。如果不是这样的话，我会失败，因为快乐是美酒佳酿。要想享受成功，必须先得到快乐，而笑声便是那伴娘。

……

是的，只要你拥有乐观，用"心"微笑，就可以笑遍世界，拥有无限活力，你的人生也会因此而精彩。

乐观，让你拥有好人缘

在物理学中有一种混沌效应原理：亚马孙河的蝴蝶扇动一下翅膀，美国就有一场暴风雨。这种效应又叫作"蝴蝶效应"。在人的心理活动中，同样有这种"蝴蝶效应"。人的情感具有传染性，悲观的人散发出来的忧郁会让别人退避三舍，而乐观者则会用快乐吸引更多的朋友，这个现象可以定义成"情感传染的混沌效应"。

悲观和乐观心态都是一种情感散发的方式，都是给他人一个对你印象的"写真"，并且让他人了解到你是谁，你到底是什么样的人，你在做什么，要到哪儿去。它是一种感觉、动作和思考的表现，透露出你的气质、意见和个性。人有一种"向光性"，都喜欢与乐观的人做朋友，因为从他们那里可以受到快乐的感染。但是悲观，则会散发出一种拒人千里的气息，让人退避三舍。

态度的两个主要成分是投射和吸收。你的自我形象是经由你的态度传递或投射给其他人的。接下来，你所投射出去的讯息被别人接收，然后他们就会做出相应的反应。如果你希望别人对你很友好，那么在你对他们的态度中，你就必须要持有同样乐观友好的态度，而悲观的态度所得到的响应会迥然相反。就像阳光可以使接触到它的物体产生温度，而冰块则会让物体冰冷一样。人类同样有着"热感传导"效应。

当你投射出去的态度和别人接收的态度合二为一的时候，你就会变得很有吸引力，能够吸引周围的很多人作为你的朋友。如果你总是表现出快乐的情绪，感染你周围的人，别人便会产生共鸣，与你进行一种快乐的交流。

乐观或悲观态度是你将自我形象的思想和感觉投射在这世上的表现，检查一下你的内在思想意识和你的内在感觉。如果它们不能互相协调，在你的态度中悲观就会成为主角。你的悲观态度，被别人接收后，他们就会"自动防御"——远离你。

态度的本身就决定了你的回报。乐观、向上的态度将迎来明媚的阳光和快乐，而悲观、阴暗的态度将迎来阴霾和苦楚。

每个人都可以用乐观的态度向周围散播快乐。无论做什么事都面带笑容，那么别人看到你就会很开心，他们也会开始带着笑容来工作，然后更多的人看到，就有更多的人开心，大家都带着快乐的心情工作。带着笑容做事，工作效率也会随着提高，大家合作起来就更容易，我们生活的环境也就会越来越美好。

你可能会想：如果我对他微笑，可是他还是板着脸，不肯理我，那我岂不是很尴尬？

其实不是什么人都会随时微笑的。只有那些乐观的人，才可能随时把微笑携带在身边。

在我们带给大家快乐的同时，也同样在给别人向我们提供快乐的机会。肯尼迪曾说过："如果一个人可以改变一件事，那么每个人都应该试试看。"一个人的力量虽然微薄，无法让每个人都快乐，但拥有乐观，我们就会赢得大多数人的好感，就会拥有好人缘，拥有很多好朋友。

不能够乐观面对生活的人，会遇到种种问题，甚至会产生人际交往的障碍。

心理学家发现，如果一个人长期处于悲观状态，缺乏与他人的积极交往，缺乏稳定、良好的人际关系，那么这个人往往有明显的性格缺陷。在心理咨询的实践中也发现，绝大多数人的心理危机，都是因为缺乏乐观的心态，不能与别人好好交往，从而引发的心理疾病。那些生活在没有形成友好、合作、融洽的心理交往氛围的悲观者，常常显示出压抑、敏感、自我防卫、难以合作等悲观情绪，对生活的满意程度较低。而人际关系比较融洽的乐观者，则常常表现出愉快、轻松、健康向上的乐观心态，在行为上也以注重成就、乐于与人交往和帮助别人为主。可见，人的心态和性格状况，直接受到与别人的交往关系的影响。乐观的人，不是被动地在生活中应付人际关系，而是把与人交往当成一种快乐，这种主动，自然会让他们拥有更多的友谊。

好的人缘总是与健康的乐观心态相伴随的。心理健康水平越高，与别人的交往越积极，越符合社会的期望，与别人的关系也越密切。心理学家高尔顿和奥尔波特发现，拥有乐观心态的人，能够和他人建立良好的交往和融洽的关系。他们可以很体谅别人，给人以快乐、温暖、关怀和爱。这种能力成为他们拥有好人缘的制胜法宝。

乐观者快乐工作，享受生活

很多人总会陷入这样一种境地，工作厌烦，生活无味，人生就像一团解不开的乱麻，糟糕透顶。

小张在公司已经工作5年了，每次一见他，他都会很烦恼地说："真的，太累了。我真的不想干了。"小张的感叹恐怕道出了每一个上班人的心声。是的，面对堆砌在桌子上等待处理的文件，看着电脑上飞快闪动的数字，还有让人心烦意乱的工作电话，硬着头皮去见一个自己并不怎么想见的客户，真的感觉到很累，甚至想辞职不干，像古代的隐士一样躲到深山老林，可是，这样真的可行吗？

朋友小李和小张见面，当小张像以往那样发出感叹的时候，小李笑着问道："如果真的感到很累，就不要干了。"

"说得轻松！"小张说道，"如果能辞早就辞了。到时再找工作也是个麻烦，何况新工作不一定比现在的好。"

"其实，也用不着这么累的！"小李说道。

"算了吧！我不干活儿还差不多。"小张说道。

"你如果在做事情的时候，不去考虑这些工作是任务，而是把它当作一种兴趣，不就可以快乐工作了？"小李笑着说道。

工作和生活是相通的，如果工作处理不好，生活也会变得一团糟。

要判断一个人生活质量的好坏，只要看他工作时的精神和态度就可以了。如果对工作没有兴趣，只是被动听从，像奴隶在主人的皮鞭督促之下一样；如果对工作感觉到厌恶，无法使工作成为一种享受，只觉得是一种苦役，那这个人绝对享受不到工作的快乐，不能得到认可，生活也会因此黯淡。

如果你对工作依然存在着抱怨、悲观的想法，把工作看成是苦役，那么，你对工作的兴趣和创造力就无法被最大限度地激发出来，也很难说你的工作是卓有成效的，你只不过是在"过日子"或者"混日子"罢了！

一些人认为只要准时上班，不迟到，不早退就是完成工作了，就可以心安理得地去领薪水。可是，他们没有想到，踩着时间的尾巴上下班，整个工作氛围和生活空间都是死气沉沉的、被动的。

因此，在任何时候，都要学会乐观面对工作，别把工作看成是苦役。

即使你在选择工作时出现了偏差，所从事的不是自己感兴趣的工作，也不要自暴自弃，而是应当设法从乏味的工作中找出兴趣。对工作表现出乐观向上的态度，可以使任何工作都变得有意义，变得轻松愉快。

只要你在心中将自己的工作看成是一种享受，看成是一个获得成功的机会，那么，工作上的厌恶和痛苦的感觉就会消失。

舞蹈艺术家邓肯将自己的身心融入了舞蹈的韵律，著名数学家陈景润把数学化为猜想，音乐大师贝多芬将整个生命化作音符……所有的困难，统统被他们抛在九霄云外。大发明家爱迪生曾经说："我一生中从未工作过一天。"因为他把研究发明当成乐趣。

工作其实可以说是生活的一个方面或者是缩影，懂得工作的人才懂得生活。

生活的真谛就是懂得享受生活，而享受生活的真正目的，就是使自己的心情达到一种舒畅或平静的状态，做事完全是自觉、自愿而且带着兴趣的。随心所欲并不是指金钱和方位的改变，而是指心灵的自由。

对于不同的人而言，享受生活有着不同的意义。贪婪者认为不劳而获就是享受生活；勤奋的人则认为勤奋工作是享受生活。其实，享受生活就是人的一种自由的感受。当一个人拥有最好的感受时，便可称为享受生活。因此，保持良好的情绪，按照自己的方式工作、学习或休息，就是最快乐的人生，也是许多人梦寐以求的幸福生活。

生命对每个人而言只有一次，而且人的一生时光短暂，因此，活着的时候，就应该快乐工作，享受生活。当生活结束的时候，你能够自豪地说："我的使命已经完成，不再有缺憾了！"那么，这样的人生就是最快乐的人生。

或许这个时代是个非常令人厌烦的时代，尤其是生活在大都市里更是如此。竞争的压力、生活的繁忙，以及噪音和空气污染等，都很令人烦心，其实，即使宁静的田居生活，如果你不会用乐观去面对，还是会被悲观所传染。

享受生活，你可以在一个夏日的午后，去一个树林里优哉游哉地度过一段愉快的时光，或在风景优美的湖边山上的一座小木屋里休息。森林、山峰及溪谷，这些大自然的杰作充满着宁谧祥和的气氛，是放松身心的好地方，更是享受生活的最佳处所……

制造阳光，从"心"开始

活在当下，别透支烦恼

威廉爵士年轻时曾对未来感到迷茫，但一句话改变了他的一生："人的一生最重要的不是期望模糊的未来，而是重视清楚的现在。"

多年之后，成为著名医学家的威廉爵士，在耶鲁大学作了一场有名的演讲。他告诉那些大学生，或许在别人眼里，功成名就的他，应该拥有"特殊的头脑"，可是，他的好朋友们都知道，他其实也是个普通人。他的成功只是因为遵照了一句名言："不要为明天的事烦恼，明天自有明天的事。只要全力以赴地过好今天就行了。"

许多人都觉得这句话难以实行，他们认为为了明天的生活有保障，为了家人，为了将来出人头地，必须做好准备。

我们当然应该为明天制订计划，可是却完全没有必要失去当下的快乐而担心模糊的未来。

这就是乐观和悲观的区别。乐观的思考态度，让你活在当下，走向明天；而悲观的态度，则让你一直留在沮丧的昨天。

太多的人总是生活在下一个时刻。

我们总是急着等待节假日的来临，总是盼望孩子快快长大，自己赶快退休在家待着。等我们真的老了时，又时刻担心生命会在下一分钟结束。

我们总是忙不迭地过日子，一刻也不停地忙活。

我们总是透支生活中的烦恼，不是为昨天的逝去而懊丧，就是为明天的到来而担忧，根本没有时间享受当下生活的轻松。

"生活在此刻"，就是享受你正在做的，而不是将要做的。必须摆脱对"下一刻"的迷恋和幻想，它们大多数不切实际，有的虽然最终会得到，却剥夺了我们此刻的生活。

不要一边吃饭一边想着办公室中的工作，不要一边工作又一边担心下班会不会塞车。

在当下，有很多值得我们体会的美好事情。

我们可以为每一天的日出欣喜不已。

我们可以分享与家人、朋友相处时的甜蜜。

我们可以学会与自然和谐共处，去聆听海浪之声，去仰望璀璨的星空……

人的脑子所能承载的很有限，不要让欲望和烦恼挤掉你的快乐。

为什么有太多的人不能活在当下，而是不停地透支烦恼？

人总是有欲望的，如果得不到我们想要的，就会不停地去想我们所没有的，并且拥有一种空虚感。即使得到我们想要的，我们还是会在新的欲望下重新产生同样的想法。因此，尽管得到了我们想要的，我们仍旧不高兴。当我们被欲望控制时，是得不到幸福的。

从心理学角度出发：最普遍的和最具破坏性的倾向之一就是集中精力于我们所想要的，而不是我们所拥有的。我们不断地扩充自己的欲望名单，这就形成了我们的不满足感。我们的心理机制说："当这项欲望得到满足时，我就会快乐起来。"但在欲望得到满足后，一个新的欲望又会产生，这种心理作用也就不断重复。

有这样一则有趣的小故事：

一个富翁上山采货，看见一个樵夫正躺在树下乘凉。富翁见状忍不住问那人："你怎么躺在这儿，为什么不去砍柴呢？"

樵夫不解地问："为什么非要砍柴呢？"

富翁说："砍来的柴可以卖钱呀！"

樵夫又问："卖了钱又有什么用呢？"

富翁满怀憧憬地说："有了钱就可以享受生活了。"

樵夫听后笑了，说："那你认为我此刻在做什么？"

没完没了的欲望是一个大陷阱，让人不断往下跳。

我们该如何乐观地面对生活，享受生活带给我们的快乐？

西贝尔·派曾经制订过一个名为"只为今天"的计划，可能会给我们很多启发：

只为今天，我要很快乐。假如林肯所说的"大部分的人只要下定决心都能很快乐"这句话是对的，那么快乐是来自内心，而不是存在于外在。

只为今天，我要让自己适应一切，而不去试着调整一切来适应我的欲望。我以这种态度接受我的家庭、我的事业和我的运气。

只为今天，我要爱护我的身体。我要加强运动，自我照顾，自我珍惜；不损伤它，不忽视它，使它能成为我争取成功的基础与条件。

只为今天，我要学一些有用的东西，我不要做一个胡思乱想的人，我要看一些需要思考、需要集中精神才能看的书。

只为今天，我要用3件事来锻炼我的灵魂：我要为别人做一件好事，但不要让人家知道；我还要做两件我总想做的事，这就是像威廉·詹姆斯所建议的，只是为了锻炼。

只为今天，我要做个外表讨人喜欢的人，外表要尽量修饰，衣着要尽量得体，说话低声，行动优雅，丝毫不在乎别人的毁誉，对任何事都不挑毛病，也不干涉或教训别人。

只为今天，我要试着只考虑怎么度过今天，而不把我一生的问题都一次解决。我能连续12个钟头做一件事，但若要我一辈子都这样做下去的话，就会累坏我。

只为今天，我要订下一个计划，我要写下每个钟点该做什么。也许我不会完全照着做，但还是要制订下这个计划，这样至少可以免除两个缺点——过分仓促和犹豫不决。

只为今天，我要为自己留下安静的半个钟点，轻松一下。在这半个钟点里，我要想到自己的理想，使我的生命中更充满希望。

只为今天，我心中毫无惧怕。尤其是，我不畏惧困难，我要去欣赏美的一切，去爱，去相信我爱的那些人会爱我。

用"遗忘"斩断坏心绪

人有一个坏习惯，总是回忆过去，不管是好是坏。在一种特定气氛和环境中，人常常会回忆过去，尽管过去的已经无法从现实中找到一点影子。

回忆中有很多坏的情绪，有的是对过去的忏悔，有的是对过去的审判……

然而，回忆只是过去的现实在头脑中的幻影，不是今天的现实写照。在过去和现在的交会点上，重要的是遗忘过去，把握现在，唯有现在才充满生机和活力。因为过去的悔恨如流水一般，再也挽回不了。

不管过去的人生道路如何坎坷，过去的人生际遇如何悲惨，都已经不复存在。昔日就像河水已经汇入湖泊大海，昨天的小溪也许已经成为大海的滴滴水珠。过去有了结果，历史自有评说，时间会做出裁决。

人不必埋首于过去，或颓唐，或消沉。对昨天，对昔日，我们不要过分留恋。

沉湎于过去的坏心绪，不断堆积后，便会产生难以挽回的负面影响。

一般的人遇到不痛快的事，都难免要发点脾气，更何况是慢慢浸入坏心绪中的人呢？喜怒哀乐，本是人之常情，无可非议。但如果不能抹去堆积的坏心绪，盛怒之下，很容易做出傻事、蠢事，做出过后连自己都后悔的事。

"记忆"和"遗忘"都是上天赐给我们的宝物。但人们往往过度强调"记忆"的好处，忽略了"遗忘"的功能与必要性。

例如：与爱人分手，总不能一直溺陷在忧郁与消沉的情绪里，必须尽快遗忘；投资失利，损失了不少金钱，当然心情苦闷提不起精神，这个时候，也只有尝试着遗忘；期待已久的职位升迁，当人事令发布后竟然不是你！情绪之低潮可想而知，解决之道无它——只有让自己遗忘。

"遗忘"在生活中的作用显而易见，是十分重要的。

然而想要遗忘，却不是想象中那么容易。遗忘需要时间，但是，如果你连"想要遗忘"的意愿都没有，那么，时间再长也无济于事。

有些人总爱遗忘生命中的快乐时光，而对忧愁念念不忘。换句话说，人们习惯于淡忘生命中美好的一切；但对于痛苦，却总是铭记在心。用现在比较流行的一种说法，这叫"自虐"。

"自虐"的起因是你对坏情绪的"执着"。其实很多人都无法静下心来检查自己"已有的"或"曾经拥有的"，却总是"看到"或"想到"自己"没有的"或"失去的"。

我们要学会遗忘，善于遗忘。

19世纪，德国心理学家艾宾浩斯通过大量实验，描绘出人类学习的遗忘曲线，命名为"艾宾浩斯遗忘曲线"。根据这条曲线我们可以发现，完全记住的东西在20分钟之后，有42%已经忘掉；1小时之后有56%被忘掉；9小时之后遗忘率则达64%，遗忘率随时间推移上升的趋势较平缓。

根据"艾宾浩斯遗忘曲线"，刚记住的信息早期遗忘率相当大，可是为什么我们总是不能遗忘坏心绪？那是因为我们在潜意识中总是在不停地复习，反复地去记忆。

要斩断坏心绪，我们就要努力去遗忘。

如果我们能够试图将他人的不是及自己的欲求尽量遗忘，多多检讨并改善自己，那么，我们就会得到好心情，快乐地去生活。

遗忘是把利剑，斩断的不仅是坏心情，还有功利虚荣和不平之心，切除内心的腐朽，留下充满阳光乐观之心面对生活。遗忘那些该遗忘的人、事、物，清除你内心的垃圾，让更多的快乐和幸福进驻，你的人生，又怎会不美好？

不妨多些阿 Q 精神

鲁迅先生笔下描写最精彩的人物莫过于《阿Q正传》中的阿Q了，而他的"精神胜利法"已成了国民性的代词。所谓的精神胜利法，指的是用一种自我安慰的方法来得到精神上的解脱，虽然有欺瞒之嫌，但是存在就有其必然性。

我们不能说每个人都是阿Q，但是每个人都可能有过"阿Q精神"。在很多情况下，"阿Q精神"可以起到减轻心理压力、保持心理平衡的积极作用。阿Q挨了别人的打，自言自语骂一声"儿子打老子"，他怒气发泄了，心理平衡了，就不会为现实的不平感到痛苦了。但如果他不骂那一声，而是把怒气闷在心中，那迟早要憋出病来。

其实，只要运用得当，"阿Q精神"会为我们带来很多好处。

生活中不开心的事总难免发生，比如这样那样的失败，当我们面对这种处境时，怎么办呢？一味沉陷在其中而不能自拔，当然是不可取的。因此现代人必须懂得如何控制自己的情绪，这便需要所谓的精神安慰。人们常说的"退一步海阔天空"便是这个道理，这种排解心理困惑与苦痛的方法就可以叫作精神胜利法。

很多名人都有自己"独特"的"阿Q精神"。

俄国作家契诃夫不但自己有"阿Q精神"，而且极力将他的"阿Q精神"灌输给读者，让广大民众在不幸降临时，以"阿Q精神"来安慰自己，以求得心理平衡。契诃夫曾经写过一篇题为《生活是美好的》文章，其内容和阿Q的"儿子打老子"有异曲同工之妙：要是火柴在你的衣袋里燃烧起来了，那你应当高兴，而且要感谢上苍，多亏你的衣袋不是火药库。要是手指头扎了一根刺，那你应当高兴，挺好，多亏这根刺不是扎在眼睛里。要是有穷亲戚到别墅来找你，那你不要脸色发白，而要喜洋洋地叫道："挺好，幸亏来的不是警察……"

如今的职场生活，竞争十分激烈，工作压力非常大，即使是收入颇丰的白领人士也不能例外。曾经有一家调查公司对2100名职场白领进行调查，发现压力主要来源于所处行业普遍存在的竞争危机，也有个人的职业发展受限制的原因。

对于风光无限的成功人士来说，他们光彩的背后也有无限的辛酸：面临着太多太多的压力，脑子里的弦一直绷得紧紧的，或为了激烈的竞争，或为了复杂的人际关系，甚或是为了自己的形象，总之家家有本难念的经。正因为有着那么多危机的存在，使很多人在生活中感到迷茫，充满忧患。

有时我们不妨多些"阿Q精神"。在职场上，对任何事，都往好的地方想想。例如，比别人多做了点事，不妨想想通过做事，我学到比别人更多的本事。又例如，他人比自己更多地受到了领导欣赏，就想那人肯定有超过我的本事。

当我们事业失败时，我们常会说胜败乃兵家常事，谁笑到最后，谁笑得最好；当我们受人欺侮时，我们会说君子报仇十年不晚；当我们失恋时，我们会说天涯何处无芳草……这些安慰都是我们的"精神胜利法"。其实这就是一种乐观的态度，是一种面对困境依然微笑的精神。

正面的精神安慰对人的心理健康是十分有益的。每个人都必须学会从失落中走出来，都必须学会调节心理，使它获得平衡，否则，将长期处在因汲汲于名利而痛苦的境地。

所以，"阿Q精神"并非只是民族劣根性，在遇到困难、遇到挫折、遇到失败的时候，我们不妨多些"阿Q精神"。

"阿Q精神"，对于心理失控的人来说，它是一剂良药，使他们从中获得自我安慰和自我解脱，不至于因心理压力得不到正确疏导而做出失去理智的事。现今的"阿Q精神"已经走出传统的禁锢，成了心理学上普遍运用的医治心理疾病的辅助手段，在治疗心理失衡方面起着越来越重要的作用。

多些"阿Q精神"，让我们成为自己的心理医生。

"心境转移"，找寻你的快乐

在英国有一个快乐的流浪汉，从不祈祷上帝，这令上帝很不开心，因为上帝的权威受到了挑战。他死后，为了惩罚他，上帝便把他关在很热的房间里。7天后，上帝去看望这位乐观的流浪汉，看见他非常开心。上帝便问："身处如此闷热的房间7天，难道你一点也不辛苦？"乐观的流浪汉说："待在这间房子里，我便想起在公园里晒太阳，当然十分开心啦！"（英国一年难得有好天气，一旦晴天，人们都喜欢去公园晒太阳。）上帝不开心，便把这位快乐的流浪汉关在一间寒冷的房间。7天过去了，上帝看到这位快乐的流浪汉依然很开心，便问他："这次你为什么开心呢？"流浪汉回答说："待在这寒冷的房间，便让我联想起圣诞节快到了，这就可以收很多圣诞礼物，能不开心吗？"上帝又不开心，便把他关在一间又阴暗又潮湿的房间。7天又过去了，流浪汉仍然很高兴，这时上帝有点困惑不解，便说："这次你能说出一个让我信服的理由，我便不为难你。"这个快乐的人说："我是一个足球迷，但我喜欢的足球队很少有机会赢。但有一次赢了，当时就是这样的天气。所以每遇到这样的天气，我都会高兴，因为这会让我想起我喜欢的足球队赢了。"上帝无话可说，给了这位流浪汉自由。

在不同的环境中，流浪汉总能找到快乐的事，即使他面临的是困境，也不会把注意力放到严苛的现实上——"闷热的房间"、"寒冷的房间"、"阴暗又潮湿的房间"，而是转移到与之相关的快乐方面——在公园晒太阳、过圣诞节、赢球的天气……快乐总会随行而至。

从心理学角度上来说，这种方法叫作"心境转移"。心境转移就是有意识地把自己的情绪转移到另一个方向上去，使情绪得以缓解。在情绪不安的情况下，可以尝试转移心理活动指向的对象，变换情境，从而得到好的心情，保持一个不错的心理状态。遇到挫折或意外打击时怒火中烧、悲愤难忍，可以暂时离开引起这种情绪的环境，找自己喜欢的事情去做，散步、看电影、看报纸杂志、下棋、打球、唱歌、听音乐，或者到街上或市场上去看看，买一点自己需要的东西，这样就可以从精神上得到安慰，情绪上得到缓和、平衡。

心境转移可以有很多方法，你不妨试试以下这几种：

1. 参加感兴趣的社交活动

人是社会的一员，必须生活在社会群体之中。一个人融入社会，可以开阔视野，可以有许多知心朋友，可以获得他们的支持；更重要的是可以感受到充足的社会安全感、信任感和激励感，从而增强生活、学习和工作的信心和力量，最大限度地减少心理应激和心理危机感。

一个离群索居、孤芳自赏、生活在社会群体之外的人，是不可能保持心理健康的。而需要走出自我封锁，多出去走走看看，扩大视野，扩大社会交往范围。

2. 郁闷时找朋友倾诉，发泄你的不满情绪

遇到不愉快和烦闷的事情，可以向好友诉说苦闷，那么压抑的心情就可能得到缓解或减轻，失去平衡的心理可以恢复正常，并且能得到来自朋友的情感支持和理解，获得新的思考，增强战胜困难的信心。

还可向自然环境转移，郊游、爬山、游泳或在无人处高声叫喊、痛骂等，也可积极参加各种活动，尤其是将自己的情感以艺术的手段表达出来。

3.营造一个温馨的"小窝"，让不愉快消融在其中

每个人都需要一种"归属感"，而家是提供这种感觉的最佳场所，温暖和谐的家是家庭成员快乐的源泉、事业成功的保证，是最放松、最自我的地方。如果你有苦闷，你有忧愁，都可以向你的家人诉说，或者干脆一个人蒙着被子大睡一觉，让所有烦恼统统远离……

家，永远是最后也最可靠的港湾，让自己的心情时时回家，感受家的温暖，驱散悲伤的乌云。

4.让自己忙起来

第二次世界大战期间，一个住在底特律的家庭主妇，她发现，"消除忧虑的好办法，就是让自己忙着，并去做一些有用的事情。"

这个主妇的儿子在珍珠港事件后加入空军。她每时每刻都担心她的儿子，吃不下饭，睡不着觉，自己的健康大大受损。他在什么地方？他是不是安全呢？他会不会受伤、阵亡？

最初她希望能靠做家务事使自己忙起来，从而减少对儿子的思念，可是这没有多少用处。因为做起家务事来几乎是机械化的，完全不用思考，当她铺床和洗碟子的时候，还是一直为儿子担心着。她发现，她需要一些新的工作才能使身心都忙碌起来，于是她到一家大商场里去当售货员。

这时，她马上发现自己好像掉进了一个繁忙的大漩涡里：顾客挤在她的四周，问她关于价钱、尺码、颜色等问题，没有一秒钟能让她去想除了手边工作以外的事情。到了晚上，她也只能想怎么样才可以让自己那双痛脚休息一下。等她吃完晚饭之后，爬上床，马上就睡着了，既没有时间也没有精力再去忧虑。

学会"幸"灾"乐"祸

所谓"幸"灾"乐"祸，其实就是学会苦中作乐，在事情没有变得更糟糕前庆幸一番，"幸亏没有变得更坏"！

金庸先生曾概括人间有七苦：生、老、病、死是苦，求不得、怨憎会、爱别离也是苦。老、病、死自然是苦的，生为什么也是一苦呢？一个人

只要认真地生活，痛苦麻烦就避无可避。另外三苦，金大侠说得意味深长。一为求不得，你一心想追求的东西（包括金钱、荣誉、地位），尽管费心费力，却始终是可望而不可即。二为怨憎会，俗称冤家会，有的人生性凶悍奸恶，言辞刻薄，工于心计，对这种人避之唯恐不及，偏偏他是你的同事，或不幸成为你的伴侣，怎么办？你必须忍耐。三为爱别离，一个人一生要遇到一个真心相爱的人很不容易，相爱却不能相守，又是怎样的一番柔肠寸断、痛彻心扉？

面对不能改变的事情，我们可以换一种心态来对待，学会苦中作乐。人间七苦都是可以想象得到的，是人生不可避免之痛，而有时候，不幸会突然降临，让你措手不及，那时候你是否还有这番"幸"灾"乐"祸的乐观心态呢？

美国总统罗斯福的家曾经被小偷光顾，丢了许多东西，一位朋友闻讯后，忙写信安慰他，劝他不必太在意。

罗斯福给朋友写了一封回信："亲爱的朋友，谢谢你来信安慰我，我现在很平安。感谢上帝，因为：第一，贼偷去的是我的东西，而没有伤害我的生命；第二，贼只偷去我部分东西，而不是全部；第三，最值得庆幸的是，做贼的是他，而不是我。"

本来被盗是挺让人郁闷的一件事情，在罗斯福的一番自我调侃中，便变得无足轻重，甚至"值得庆幸"。

老子有一句名言："祸兮福之所倚，福兮祸之所伏。"讲的是快乐与痛苦是相互依存的，可以相互转化，世上没有永远的痛苦，也不会有永远的快乐，快乐和痛苦是比较出来的。拿现在跟过去比，自己现在的状况是否比过去好、得到的快乐是否比过去多、痛苦的事是否比过去少；拿自己与周围的人比，自己受的苦是否比别人多或者自己获得的快乐会不会比别人少。通过比较，快乐和痛苦分出了多少和大小，学会苦中作乐，在不幸中我们可以看到幸运。有比我们更不幸的人和事，与之相比，我们的不幸又算什么？快乐和痛苦是人自己感知的，什么是快乐？什么是痛苦？快乐和痛苦一开始并没有具体的概念和标准，是由人们自己在生活中感受得出的结论，因此，有时在别人看来不幸的事，我们却可以感知到幸运，将不幸置之脑后，那么何苦之有？

在既定的痛苦不幸中，我们又给自己加上自怨自艾，这无异于雪上加霜，为自己的痛苦再蒙上一层阴影。反言之，学会"幸"灾"乐"祸，在事情没有变得更糟之前，何不珍惜眼前，保持一种乐观心态，苦中求乐，以苦为乐，这样就可以向着快乐的方向不断前行。

与快乐的人做朋友

俗话说，"近朱者赤，近墨者黑"，与乐观者为伍，自然就可以感受到快乐幸福；而与悲观者为伍，也就容易被他们传染到灰暗的心情。

追逐快乐，是人的一项特质。与快乐的人做朋友，可以得到他们的快乐，因而，快乐的人到处都受欢迎，他们可以化解许多人际冲突或尴尬的情境，能使人的怒气化为豁达，亦可带给别人快乐。所以，与快乐的人做朋友，是得到快乐的捷径。

一个快乐的人，常给朋友带来无比的欢乐，潜移默化中，会将快乐传输给别人。

人际关系是我们生活的重要组成部分，它包括的面十分广泛，如上下级关系、同事关系、父子关系、夫妻关系、亲戚关系、弟兄姊妹关系、同学关系、师生关系等。这些关系，构成了我们的生活环境。如果这里面多些乐观者，你的空气里也会多一些快乐。误会、摩擦、矛盾等不快乐的事也会大大减少，我们才不会像那些悲观者，把事情弄得越来越僵，自己也越来越不快乐；乐观可以使误会消除，矛盾得到缓和，摩擦得以减轻。可以说，乐观是一种巨大的感染力，与乐观的人做朋友，会让我们变得更快乐。

在乐观者周围，充满了欢愉的笑声，与快乐的人做朋友是让身心放松的捷径。乐观的人还会教会我们很多，例如抵抗挫折的忍受力，发现快乐的创造力……

乐观的人总会面带笑容，如春天般温暖别人；而悲观者则是冷漠麻木，沮丧忧郁，给人心蒙上一层尘埃。所以，我们要远离悲观，就要找寻乐观的朋友。

一个人亲切、温和，洋溢着笑意，远比他漂亮的容貌、华丽的衣着更引人注意，也更容易受人欢迎。因为乐观是一种豁达、一种接纳，它缩短了彼此的距离，使人与人之间心心相通。喜欢微笑着面对他人的人，往往更容易走入对方的天地，难怪学者们强调："微笑是成功者的先锋。"

乐观的人总是充满快乐，代表希望，他们的脸上永远挂着笑容。因为一个人的笑容就是他传递好意的信使，他的笑容可以照亮所有看到它的人。乐观要从微笑开始，接过你快乐朋友所传递的乐观精神，它会带给你很多好处，很多人在社会上立足是从微笑开始的，还有很多人在社会上获得了极好的人缘也是从微笑开始的，很多人在事业上畅行无阻也是通过微笑获得的。微笑是十分奇妙的，它能在生活中荡开一层层水圈，把生活的湖泊变成一种源自于生命深处的美感，它是乐观者的天使。

学习乐观者的快乐，能够让你变得和他们一样，轻易获得别人的好感，这种好感可以创造出一种轻松愉快的气氛，可以使彼此结成友善的关系。一个人在社会上可以靠这种愉快的关系建立自己的交际网，微笑是打开快乐之门的金钥匙。

一个成功者，往往是乐观的人。钢铁大王卡内基的高级助理查尔斯史考伯说过，他自己的微笑值 100 万美金。这也许只是随便说说而已，因为史考伯的性格、魅力以及他那种富有吸引力的才能，都是他成功的原因，而在他的性格中，一个令人对他产生好感的因素是他那动人的微笑。卡内基之所以让他成为自己的助理，可能就是因为他那乐观的微笑。

把工作变成娱乐

现实生活中有很多人觉得很苦闷，他们不喜欢工作，他们总觉得工作应该是别人的事，而他们，则自然地应该坐在工作者的旁边，无所事事地品着茶，抽着香烟，谈论他们无论如何也左右不了的天下大事，然后再偶尔地对着身旁那些忙碌的人评头论足，有这种想法其实是因为他们在工作中茫然不知所措。

没有人能够保证，自己每天都是在干自己喜欢的工作，就算你有跳槽的机会，也不可能找到完全符合你兴趣的工作。因此，在面对自己不喜欢的工作时，也要保持热情，努力把工作变成娱乐。

如果你把自己的工作当作一种苦役，就会产生悲观抵触的心理，这样你就干不好工作，成为工作的奴隶。

如果你对工作毫无热爱之心，无法使工作成为一种娱乐，只觉得压抑和苦闷，那你绝对不是一个快乐的人，更不能在工作中取得辉煌的成就。

在现实生活中，还有很多人仅仅是为了养家糊口在做着不适合他们的工作。工作对他们而言只是一种谋生的手段，无法体会到把大部分精力和热情投入工作的人所体验到的愉悦。假如你不幸陷入这种困境，你就必须想办法自省和补救，因为你对自己的工作感到乏味，所以你很难享受到生活的乐趣。

错误不在工作，而是在于你。也许是你对工作没有给予应有的重视；也许是你还没有完全睁大眼睛，去发现你的种种潜能；也许是你还没有彻底看清事实。

假设错在工作，虽说不太可能，为什么不去另找一份工作？只要你对工作产生兴趣，把工作变成娱乐，哪怕少拿一些薪水也是心甘情愿的。假如你无法另找一份工作，那你就得加深对工作价值的认识，使它成为你的一种乐趣而不再是苦役。

把工作看成娱乐，在工作中享受工作，很多成功的人正是这样做的。请记住劳动和娱乐的不同就在于思想准备不同，娱乐是乐趣，而劳动则是"必做"的责任和义务，假如你是职业棒球运动员，如果把注意力放在娱乐上，你就可以和业余棒球运动员一样，更加投入地比赛。这里不是说比赛本身不重要，而是不要把全部精力集中到比赛这个"赌注"上，忘记了比赛本身就是娱乐。常常是忘记了"比赛"，获胜的机会反而更大。

学会从工作中获得乐趣，找到工作的热情，那将是你人生成功的又一秘诀。心中充满快乐时，自然感到身边的工作也有趣，终日自怨自艾，只是无益的自寻苦恼。

许多成功人士都曾描述过工作的极大快乐与满足，只因为他们所从事的是他们真心想做的，这也可能是促成他们成功的原因之一。而一些终生不得志的人大部分时间都消耗在工作的压力和苦闷当中，甚至因此而自暴自弃、自我放逐。

马斯洛曾经定义"自我实现"就是喜欢并去做必须做的事，也就是想办法将工作变成游戏般轻松与自由，但是对一般人而言这是一件非常不容易做到的事。对许多人来说，快乐绝大部分出现在不工作的时候，例如晚间、周末及假期当中。

那么，该如何去除因工作而产生的不快乐呢？又如何找到更多的快乐时光呢？

你首先需要自己找寻工作中的快乐。即使你对现在的工作不满意，但也不要轻言放弃。有些技巧可以使工作愉快些，你不妨想想由于从事此项工作所赚得的钱使你能享受购物的乐趣；你可以开始培养新的爱好，这个爱好使你除了工作外另有新的目标；你应该尝试在工作之中建立起具体的目标，目标是使工作愉快的"万灵丹"；在工作中找寻你的优势，可以增加你对工作的热情，将工作变成娱乐。

有的人以为工作和享受是两件完全不同的事情：工作是辛苦的，人们为了赚钱不得不工作；而享受则是一种消费，以金钱为代价去换取快乐的交易。

一个失业的人非常喜欢花艺，他除了在自己的后院养上各种花之外，还为邻居养花，给他们讲解花艺，让邻居们能够享受鲜花带来的清香。由于他讨厌工作，结果经常失业。邻居们聚在一起商量了一下，决定聘请他来做他们的花艺师，每个星期都上门服务，为此他可以得到一笔养家的钱。他却退缩了，因为在他的观念中做快乐的事情是不可以赚钱的，工作一定是枯燥的，他永远做不好工作。

不要把工作当成一种负担，而要把它当成一种乐趣。你越是抱着快乐的心情去工作，你就越能够发挥自己的优势，你的工作就会越出色，而你在工作中就能获得更多的快乐。快乐工作，快乐生活。把工作变成娱乐，便能够为你的人生多收集些快乐的阳光。

第二章

积极心态：
走向成功的动力

解读积极心态

PMA 黄金定律

PMA 黄金定律是积极心态的缩写——Positive Mental Attitude。它是成功学大师拿破仑·希尔数十年研究中最重要的发现，他认为心态决定了人与人之间成功与失败的巨大反差。积极的心态是人人可以得到的，无论他原来的处境、气质与智力怎样。

拿破仑·希尔还认为，我们每个人都佩戴着隐形护身符，护身符的一面刻着 PMA（积极的心态），一面刻着 NMA（消极的心态）。PMA 可以创造成功、快乐，使人到达辉煌的人生顶峰；而 NMA 则使人终身陷在悲观沮丧的谷底，即使爬到巅峰，也会被它拖下来。因为这个世界上没有任何人能够改变你，只有你能改变自己；没有任何人能够打败你，能打败你的也只有你自己。

只要人活在这个世界上，各种问题、矛盾和困难就不可能避免，拥有积极心态的人能以乐观进取的态度去积极应对，而被消极心态支配的人则悲观颓废，他们在逃避问题和困难的同时也逃避了人生的责任。

对于 PMA 的阐述，拿破仑·希尔是这样认为的。

1. 言行举止像希望成为的人

许多人总是要等到自己有了一种积极的感受再去付诸行动，这些人在本末倒置。心态是紧跟行动的，如果一个人从一种消极的心态开始，等待着感觉把自己带向积极，那他就永远成不了他想做的积极心态者。

2. 要心存必胜、积极的想法

谁想收获成功的人生，谁就要当个好农民。我们绝不能播下几粒积极乐观的种子，然后指望不劳而获，我们必须不断给这些种子浇水，给幼苗培土施肥。要是疏忽这些，消极心态的野草就会丛生，夺去土壤的养分，甚至让庄稼枯死。

3．用美好的感觉、信心和目标去影响别人

随着你的行动与心态日渐积极，你就会慢慢获得一种美满人生的感觉，信心日增，人生中的目标感也越来越强烈。紧接着，别人会被你吸引，因为人们总是喜欢和积极乐观者在一起。

4．使你遇到的每一个人都感到自己的重要、被需要

每一个人都有一种欲望，即感受自己的重要性，以及别人对自己的需要与感激，这是普通人的自我意识的核心。如果你能满足别人心中的这种欲望，他们就会对自己，也对你抱有积极的态度，一种你好我好大家好的局面就形成了。

5．心存感激

如果你常流泪，你就看不到星光，对人生、对大自然的一切美好的东西，我们要心存感激，人生就会显得美好许多。

6．学会称赞别人

在人与人的交往中，适当地赞美对方，会增加和谐、温暖和美好的感情。你存在的价值也会被肯定，使你拥有一种成就感。

7．学会微笑

面对一个微笑的人，你会感到他的自信、友好，同时这种自信和友好会感染你，使你的自信和友好也油然而生，使你和对方亲密起来。

8．寻找最佳新观念

有些人认为，只有天才，才会有好主意。事实上，要找到好主意，靠的是态度，而不全是能力。一个思想开放有创造性的人，哪里有好主意，就往哪里去。

9．放弃鸡毛蒜皮的小事

有积极心态的人不把时间和精力花在小事上，因为小事使他们偏离主要目标和重要事项。

10．培养奉献的精神

曾任通用面粉公司董事长的哈里·布利斯曾这样忠告旗下的推销员："谁

尽力帮助其他人活得更愉快更潇洒，谁就达到了推销术的最高境界。"

11．自信能做好想做的事

永远也不要消极地认定什么事情是不可能的，首先你要认为你能，再去尝试，不断尝试，最后你就会发现你确实能。

不被环境摆布，掌握人生主动权

在一座荒芜的山上，曾经有两块相同的石头，但在 3 年后却发生了巨大的变化，一块石头受到很多人的敬仰和膜拜，而另一块石头却受到人们的唾弃。受人唾弃的石头极不平衡地说道："老兄呀，在 3 年前，我们同为一座山上的石头，今天产生这么大的差距，我的心里特别痛苦。"另一块石头答道："老弟，你还记得吗？3 年前，我们都厌恶了这座荒僻的山，但你认为既然在这环境，就只能忍受，而我主动要求雕刻家为我雕塑。这样，我们便产生了现在不同的面貌。"

环境如何并不能成为消极被动的借口。那块没有改变的石头不懂这一点，一味把责任推给环境。一个人一旦养成了消极的习惯，那么处于顺境便盲目满足、放弃努力，成功便自我满足、停滞不前；处于逆境便轻易退缩、灰头土脸，遇到困难便轻言放弃、怨天尤人，这就形成了消极的种子最容易破土发芽的环境。

决定我们命运的不是环境，而是心态。无论身处什么样的环境，一旦养成了消极被动的工作态度和习惯，就很容易不思进取、目光狭隘，慢慢地丧失活力与创造力，忘记了自己当初信誓旦旦的人生信条与职业规划，最终将陷入好逸恶劳、一事无成的深渊。

环境怎样是好？怎样是坏？好坏并不在环境本身，而在于人如何自处：置身其间，不迷失自己，保持积极主动的态度，再"坏"的环境也是好环境，反之，再"好"的环境也是坏环境。环境对人确实有一定的影响，而关键的还是人自身，顺境或逆境都不能成为消极被动的借口。

卡耐基曾经说过："我的成功原则就是主动。在任何行业里，想达成自己人生目标的人，都必须运用这项原则。它之所以十分重要，是因为没有人的成功，能够不借助于它的力量。你可以称之为'主动'的原则。研究一下被视为确实有所成就的人，你会发现，他们都有一个明确的主要目标，并且还有着完善的计划以达到目标，他们的大部分心思和努力，都投注在如何主动去达成目标上。"

不可能？不，可能！

对于消极失败者来说，他们的口头禅永远是"不可能"，这已经成为他们的失败哲学，他们"遵循"着"不可能"哲学，一直走向失败，做什么都不会成功。

这个世界上不可能的事太多了。"我不可能在一夜之间成为总统"，"我永远不可能拥有100万"——人们常常被这种消极的心态支配着，导致一生半穷不穷，半富不富，而实际的情况是怎么样的呢？

曾经有一本非常畅销的励志书《方法总比问题多》，在雅虎里能够搜索到高达1100万条的读后感，更是在1年多的时间里再版19次之多，这本书为什么能够如此受欢迎？

在众多的读者评论中，可以发现是因为书中有些理念引起了读者的共鸣，成为成功道路的指向标：

"这世界上没有什么不可能，只是暂时还没有想到方法！"

"只为成功找方法，不为失败找借口。"

"改变你的发问方式，'绝不可能'就变为'绝对可能'！"

其实，把这些掷地有声的口号归结成一条，就是：

没有不可能，积极进取，把"不可能"变成"不，可能"！

只要敢于蔑视困难、把问题踩在脚下，最终你会发现：所有的"不可能"，都有可能变为"可能"！

"不可能"只是失败者心中的禁锢，具有积极态度的人，从不将"不可能"当作一回事。

曾经，航空业对个人来说，是遥不可及的，想要进入这一领域简直是天方夜谭。但有一个人，却开启了先例，他就是中国民航史上第一个民间包飞机的人——王均瑶。

1991年，王均瑶还只是一个在湖南做小本生意的商人。春节前，他和一帮温州朋友从湖南包"大巴"回家过年，面对漫长的路程，王均瑶失落地说了句："唉！这汽车实在是太慢了。慢腾腾地，得走好几天才能到家，真累啊！"

一位老乡听了之后，挖苦道："飞机快，你坐飞机回去好了。"

"对啊，我为什么不能包飞机呢？"

说干就干，王均瑶就这样推开了湖南省民航局的大门。经历了常人难以想象的艰难后，王均瑶终于包机成功了。

1991年7月28日，25岁的王均瑶首开中国民航史上私人包机的先河，承包了长沙至温州的航线，这一天是相当有纪念意义的。

10年后，他成为民营资本进入航空业的第一人，他的均瑶集团投资18%的股份，成为中国东方航空武汉有限责任公司的股东，这是国内首家民营企业参股国有航空运输业。

在积极者的眼中，永远没有"不可能"，取而代之的是"不，可能"。积极者用他们的意志，他们的行动，证明了"不，可能"的"可能性"。

"只要有足够的意志力、足够的头脑和足够的信心，几乎任何事情都可以做到。"不是不可能，只是暂时没有找到方法。不要给自己太多的框框，不要总是"自我设限"，应该将注意的焦点集中在找方法上，而不是在找借口上。正如哈瑞·法斯狄克所说："这世界现在进步得太快了，如果有人说某件事不可能做到，他的话通常很快就会被推翻，因为很可能另一个人已经做到了。在信心和勇气之下，只要我们认为可以做到，就可以以科学的方法推翻'不可能'的结论，我们就可能做成任何我们想做的事情。"

积极心态，驱动你的生命力

积极向上，重塑自我

有一个成语叫作"心想事成"。如果一个人总认为自己丑陋，那么他就不能变得俊美；如果一个人总认为自己愚钝，那他也就成不了聪明人。只有怀着积极向上的心态，才能将自己塑造成为一个优秀且富有魅力的人，才能"心想事成"。

一个心理学家曾做过这样的试验，从大学生中挑出一个看上去最愚笨、最不招人喜欢的姑娘，并要求她的同学们改变以往对她的看法。在一个阳光明媚的日子里，大家都争先恐后地照顾这位姑娘，向她献殷勤，陪送她回家，大家打心里认定她是位漂亮聪慧的姑娘。结果不到一年，这位姑娘出落得妩媚婀娜、姿容动人，连她的举止也同以前判若两人。她对人们说，她获得了新生。其实，她还是原来的那个她，可又是什么力量使她脱胎换骨呢？答案是：自信心。

自信心的形成，有外因的作用。如果一个人生活在被赞扬的环境中，他就会感到自己很优秀，拥有自信；如果总是被呵斥，那么他就会对自己产生怀疑，无法拥有自信。但这只是外因的作用，对于自信的人来说，更主要是内心，如果一个人始终抱有积极态度，坚信自己会成功，那么，无论多么恶劣的条件都不可能阻挠他。我们每个人心中都有为人处世的标准，我们常常把自己的行为同这个标准进行对照，并据此指导自己的行动。因此，如果想让自己变得更好，就要提高自信力，修正心中的做人标准。如果我们想进行自我改造，就应该首先改变对自己的看法。不然，自我改造的全部努力便会落空。

拥有自信，积极重塑自我，往往能使平凡的人做出惊人的事来。胆怯和意志不坚定的人即便有出众的才干、优秀的天赋、高尚的性格，也终难成就伟大的事业。

你相信自己到什么地步，你的成就就会到达什么样的高度。如果拿破仑在率领军队越过阿尔卑斯山的时候，只是坐着说："这件事太困难了。"无疑，他的军队永远不会越过那座高山。所以，无论做什么事，坚定不移的自信力，都是成功所必需的和最重要的因素。

不论才干大小，天资高低，成功都取决于坚定的自信力。相信能做成的事，一定能够成功。反之，不相信能做成的事，就绝不会成功。

大多数有自卑感的人总是把注意的焦点放在自我身上，也就是将目光放在自己的弱点上。对不重要的事也以自我为中心来考虑，以为每个人都在注意这些事，其实并不是如此。

现实中，人们总爱拿别人的长处比对自己的短处，自认为这就是缺点，然后又费尽心机使自己相信"因为这个弱点，所以不能成功"。要解决这个问题，就必须知道我们每个人都能成功、快乐和坚强。所以你必须决定，你打算要突出哪一方面。一旦你选择突出自己的长处和优点，自卑感便会消失，一种强而有力的能力便会取代你的缺陷及弱点。

要成为一个优秀的人，正视自己的弱点是必要的。但你首先必须清楚什么才是你真正的弱点，找对方向才能正确到达目的地。这一方面，本杰明·富兰克林为我们做出了榜样。

富兰克林意识到他总是不断地与人发生争执，不断地失去朋友，总是和人相处不好。在新年前夕，大家都在制订新年计划。富兰克林也坐下来，开出一张清单，清单上有他所有让人讨厌的性格特点。他把它们一一列出来，并对这些特点进行编排，把最有害的放在清单的第一位，然后依次排下来，害处最小的排在最后。他决定要一个一个地改掉这些令人讨厌的性格特点。每次他发现自己已经成功地改掉了一个坏毛病的时候，他就把这个毛病从清单上画掉，直到清单上所有的坏毛病都画完为止。正是由于他积极地改变自我，使他成了全美国人格最为完美的人之一。每个人都尊敬他，崇拜他。今天几乎在所有关于性格塑造的书中，你都会发现富兰克林的名字，他的重塑自我行动给了人们很多启发。

富兰克林为了改变自我，不断地向自己的缺点挑战，将自己改造成为一个优秀的人。其实只要你有心，有正确方法、积极的态度和持之以恒的精神，你就可以达到富兰克林的高度。

改正缺点，让自己成为一个接近完美的人，这对任何人都非常重要。你需要大声地重复这句话，并把它深深地印在脑海中，这样，你便可以将最弱的地方转为最强。

马特恩设计过一套公式：

(1) 孤立弱点，将它研究透彻，然后设计一个计划加以克服。

(2) 详细列出你期望达到的目标。

(3) 想象一幅将你自己的弱势变成强势的景象。

(4) 立即开始成为你所希望的强人。

(5) 在你的最弱之处，采取最强的步骤。

(6) 请求他人的帮助，相信他们会这样做的。

每个人都有自己的缺点，对你来说，你想克服的是什么？恐惧、愤怒、伤感、失望、沮丧？无论是什么，只要下决心改掉自己的缺点，愿意接受积极思想，你就可以将最弱的地方转为最强，塑造一个全新的自我。

积极是潜力的挖掘机

如果问世界上最大的宝藏是什么，回答就是：你，你自己。每个人的生命中都蕴藏着巨大的精神财富——潜能。在适当的时候，用适当的方式，这种潜能就能发挥出无穷的力量，创造出一个又一个奇迹。

刘翔在雅典奥运会上打破了黑人选手对田径男子跨栏项目的垄断，起跑只用了0.139秒；世界心理学大师罗扎诺夫的学生一天能学会1200个外语单词；而曾严重口吃的美国人乔·吉拉德，居然能够成为全球最受欢迎的演讲大师之一……

由此可见，只要你抱着积极的心态开发你的潜能，你也会像他们一样，有用不完的能量，走向成功、成就伟业……

然而，面对这一巨大宝藏，很多人却常常忽视，总是用消极淹埋自己的潜能，让它潜伏于冰山之下。

一份心理学研究报告表明，几乎所有的人都只发挥出其能力的15%。

在这份报告中，我们看到不能发挥其余85%的力量在于恐惧、不安、自卑、意志薄弱及罪恶感，将所有的原因综合起来，可以说是"与外界的不调和"。不能包容外界，消极对待自己，这就等于是给自己的能力踩了煞车。

拥有积 极心态，不停地挑战自我，挑战极限，就可以挖掘出水面下的冰山——潜力。

在发掘潜力，不断前行的过程中，人们总会遇到很多困难，但只要你用积极心态面对，困难和挫折都可以转变成为潜力的驱动力。

培根说："超越自然的奇迹多是在对逆境的征服中出现的。"人生难免会遇到挫折，没有经历过失败的人生不是完整的人生。

挫折是一种内驱力，驱走惰性，催人奋进，能够化压力为动力，磨炼个人意志，成为激发潜能、促进学习和成长的契机。

35岁以前，美国人乔·吉拉德是个全盘的失败者，他严重口吃，背了满身债务，几乎走投无路。然而，他没有气馁，而是将逆境挫折视为自己的驱动力。恰恰是这些困境，促使他投身汽车销售行业，虚心学习、努力执着，连续12年平均每天售出4辆车，被吉尼斯世界纪录称为"世界上最伟大的推销员"！

可见，无论多么坎坷的人生，只要抱有迎接压力的高昂斗志和坚韧不屈的意志力，就能够在与逆境共事的过程中用压力去激发自我潜能，让自己做得更好。

积极让你看向更远的目标

对一个积极的人来说，一定要有远大的理想。理想是对未来的追求，是远方的诱惑，它给人战无不胜的力量，所以有人说，理想是人生的太阳。

一个人如果失去了理想就失去了方向，从而成为在原地徘徊的庸人。

理想也可以说是人生的总目标。而所谓目标，向上看是信仰，向下看是意识；向远看是志向，向近看是计划；向外看是抱负，向内看是责任。这就是说，任何伟大的理想，没有植入你的潜意识或没有成为切实可行的计划及责任之前，都是一种空想，它只能画饼充饥，毫无现实意义。

理想由何而来？

它的最初形式是信念或兴趣转化为意念。信念要变成理想，还要看你对这个信念的相信程度，它的实现必须依赖于决心、信心和恒心。美国微软公司总裁比尔·盖茨，在青少年时就表现出了对计算机的浓厚兴趣，后来这个兴趣及信念越来越强，致使他考入哈佛大学又辍学，全身心地投入到计算机的研究中去，强烈的信念使他对世界计算机的发展做出了一连串的惊人改变，他30岁时便成为一名亿万富翁。

一个拥有远大理想的人，会拥有执着的信念，他不会为了一时的安逸而不思进取。他的手中会有一架望远镜，眺望着人生的最前方。拥有理想和信念的人总比消极待事者更具爆发力，更能创造出好的成绩。

理想是人们经过深入思考后获得的一种美好的愿望，而且愿意按照这一深信不疑的观念去行动，它具有坚定性和稳定性，一旦形成，很难改变。信念能使人迸发出生命的潜力，能忍受身心的折磨和痛苦，使人爆发出巨大的勇气和能量。

不同的信念产生不同的情绪，不同的情绪会导致不同的行为，树立正确的、强烈的信念会使你的人生充实而有意义。

每个人给自己的人生赋予什么样的色彩，是丰富多彩的，还是暗淡无光的，全看你持有什么样的信念。理想和信念对个性的发展具有决定性的作用。

你对生命有什么样的看法，大体决定了你会从生命中得到什么。取一块铁条，用来作为门的制动器，它就值1美元；用来制作马掌，大约就值50美元；精炼成优良的钢，再用来制造钟表的主发条，它就值20000美元。

看待铁条的方式不同，就会产生不同的结果。同理，你对未来的不同看法也会产生不同的结果。不管你是一个美容师、家庭主妇、运动员，还是学生、推销员或商人，你都得有一个伟大的目标。所以布克·华盛顿说："人以达到目标所克服的障碍之大小，来衡量其成就的大小。"

积极者拥有远大的理想，它就像一个望远镜一般，让你看向更远处的美丽风景，而不是只局限于眼前的狭小天地。

积极是情绪的天然"空调"

很多人时常被情绪所困扰，似乎烦恼、压抑、失落、痛苦总是接二连三地袭来，他们无法控制自己的情绪波动，于是频频抱怨生活对自己不公平，企盼某一天欢乐突然降临。其实喜怒哀乐是人之常情，想让自己生活中不出现一点烦心之事几乎是不可能的，关键是如何有效地调整、控制自己的情绪，做情绪的主人，主宰自己的生活。

许多人都懂得要做情绪的主人这个道理，但遇到具体问题就总是退缩不前："控制情绪实在是太难了。"言下之意就是："我无法控制自己的情绪。"这些否定自我的语言长期存在于头脑中，就会形成一种严重的不良暗示，可以毁灭你的意志，丧失战胜自我的信心。还有的人习惯于抱怨生活："没有人比我更倒霉了，生活对我太不公平。"抱怨声中他得到了片刻的安慰和解脱："这个问题怪生活而不怪我。"结果却因小失大，让自己无形中忽略了主宰生活的职责。改变对身处逆境的态度，积极坚定地对自己说："我一定能走出情绪的低谷，现在就让我来试一试！"这样你的自主性就会被启动，沿着它走下去就是一片崭新的天地，你会成为自己情绪的主人。

要想做情绪的主人，调整好自己的情绪，首先就要知道情绪的定义到底是什么。

从心理学上解释，情绪是对生理性的需要是否得到满足而产生的态度体验。情绪就是情感，是与身体各部位变化有关的身体状态，是明显而细微的行为。情绪的种类很多，一般分为6类：

（1）原始的基本的情绪。具有高度的紧张性，它们是快乐、愤怒、恐惧和悲哀。

(2) 感觉情绪。它们是疼痛、厌恶、轻快。

(3) 自我评价情绪。主要取决于一个人对自己的行为与各种行为标准的关系的知觉，它们是成功感与失败感、骄傲与羞耻、内疚与悔恨。

(4) 恋他情绪。这类情绪常常凝聚成为持久的情绪倾向或态度，它们主要是爱与恨。

(5) 欣赏情绪。它们是惊奇、敬畏、美感和幽默。

(6) 心境情绪。这是比较持久的状态。

其中，消极的情绪主要有：

愤世嫉俗，认为人性丑恶，时常与人为敌，因此缺乏人和意识。

没有目标，缺乏动力，生活浑浑噩噩，犹如大海浮舟。

缺乏恒心，不晓自律，懒散，时时替自己制造借口来逃避责任。

心存侥幸，幻想发财，不愿付出，只求不劳而获。

固执己见，不能容人，没有信誉，社会关系不佳。

自卑懦弱，自我退缩，不敢相信自己的潜能，不肯相信自己的智慧。

或挥霍无度，或吝啬贪婪，没有正确的价值观念。

自大虚荣，清高傲慢，喜欢操纵别人，嗜好权力游戏，不能与人分享。

虚伪奸诈，不守信用，以欺骗他人为能事，以蒙蔽别人为嗜好。

这些消极情绪会给人带来很大的危害，如果不能克服，便会成为人们头顶上的乌云，挡住生命的阳光。

有一些人在遇到重大挫折时往往会一蹶不振，严重的甚至不能正常工作学习，给自己和家人朋友带来很多麻烦。

有些人总是从自己的意愿出发，认为事情应该这样，必须这样。比如"我必须获得成功"，"别人必须很好地对我"等，一旦事与愿违，便会掉进情绪的深渊，无法自拔。

还有些人认为某件事情如果发生会非常可怕、非常糟糕，是一场灾难。于是，整日愁眉苦脸、自责自罪而难以自拔。这种消极思想常常是与人们对自己、对他人及对周围环境的绝对化要求相联系而出现的。当他认为"必须"、"应该"的事情没有发生时，就无法接受这种现实，以致认为糟糕到了极点。

缺乏情绪自我控制能力的人必须明白，你生活在社会中，为了更好地适应社会、取得成功，你就要学会控制自己的情绪情感，做情绪的主人。但是，控制并不等于压抑，只要有积极向上的心态，不断完善自我，自然就可以控制自己的情绪。如果你把自己的许多精力消耗在抑制自己的情感上，不仅容易患病，而且将没有足够的能量对外界做出强有力的反应，你需要做一个能成熟地调控自己情绪情感的人。

人们应该经常反省自己，特别是受到挫折时，有没有上述各种不合理信念的存在，如果有，那么就用合理信念代替它们，这样一来，情绪自然会由消极变为积极了。其实客观事物的发生、发展都是有一定规律的，不可能按某一个人的意志去运转。具体地说，无论谁都不可能在每一件事情上都获得成功，所以我们最好少用"绝对"、"必须"这类字眼。同样，用一件事或几件事来评价整个人的做法也是非常武断的，是一种"理智上的法西斯主义"。那种认为某事的发生会糟糕至极的心理更是杞人忧天，我们常常是在事情没发生时焦虑万分，而真正发生了就发现没有什么大不了的，白白虚惊一场。其实早点告诉自己"天无绝人之路"，把忧虑的工夫用来做充分的准备岂不更好？

真正要"做情绪的主人"并不是一件容易的事，它需要我们反复与消极的自我做斗争，最终让"理性的我"战胜"非理性的我"，一旦战胜消极，成为积极的人，自然就能够调节自我情绪。

对于积极者来说，消极情绪是可以自动转化的。在积极者眼里，或许挫折、失败、逆境等只是他们战胜自己的游戏障碍，他们会把这些当成人生的一种历练，甚至一种快乐，消极情绪自然不见踪影。

塑造积极心态，主动改造自我

走出消极空虚的心理黑洞

有这样一则寓言，两兄弟相伴去遥远的地方寻找人生的幸福和快乐，一路上风餐露宿，在即将到达目的地的时候，遇到了一条风急浪高的大河，河的彼岸就是幸福和快乐的天堂。关于如何渡过这条河，两个人产生了不同的意见，哥哥建议采伐附近的树木造成一条木船渡过河去，弟弟则认为无论哪种办法都不可能渡得了这条河，与其自寻烦恼和死路，不如等这条河流干了，再轻轻松松地走过去。

于是，建议造船的哥哥每天砍伐树木，辛苦而积极地制造船只，并学会了游泳；而弟弟则每天躺下休息睡觉，然后到河边观察河水流干了没有。直到有一天，已经造好船的哥哥准备扬帆的时候，弟弟还在讥笑他的愚蠢。

不过，哥哥并不生气，临走前只对弟弟说了一句话："去做每一件事不一定都成功，但不去做则一定没有机会成功！"

大河终究没有干涸，而造船的哥哥经过一番风浪也最终到达了彼岸。两人后来在河的两岸定居了下来，也都有了自己的子孙后代。河的一边叫幸福和快乐的沃土，生活着一群积极进取的人；河的另一边叫失败和失落的原地，生活着一群消极空虚的人。

由此可见，积极和消极两种截然相反的心态会带给人们多大的反差。

在生活中，我们经常看到有些人表情沮丧、精神萎靡，他们似乎想告诉人们，他们是多么消极。一般说来，具有消极心态的人，会有各种状态的沮丧表现，轻者食欲下降，出现失眠、嗜睡、懒动，或觉得自己比平时更敏感、更爱哭等；重者自我意识消极，时常自怨自艾，或心境悲哀、待人冷漠。

消极是由沮丧的情绪感受或对生活的不满意，或是经常受挫折引起的，它如同感冒一样会影响生活的乐趣，对其放任不管，会使情绪进一步恶化，还极有可能转化为慢性抑郁症。

有这样一种说法，人的躯体好比一辆汽车，思想态度便是这辆汽车的驾驶员，如果你整天无所事事，空虚无聊，没有理想，没有追求，那么，你就根本不知道驾驶的方向，这辆车也就必定会出故障，甚至报废。

很多心理专家都这样告诫人们，精神和内心的空虚对身心健康无益。空虚就像一只无形的手，无情地控制着你，吞噬了你所有欢乐的元素，反刍给你所有的孤独和寂寞。它消磨你的意志，打击你的信心，使你失去尊严，它给了你更多的时间和机会去咀嚼失败的滋味。

当一个人空虚到一定程度时，精神世界就会一片空白，没有信念，没有寄托，百般无聊，严重的如同行尸走肉。一个人空虚的极致，莫过于此。

空虚虽然可怕，但它并非不能被打倒。大量事实表明，空虚并不是什么大不了的心理疾病，它只是一种阶段性的心理异常，只要认真调适，便能把这个阶段"填满"。

怎样填满空虚，我们可以参照下面的方法。

1. 树立一个积极向上的目标

空虚的原因不外乎两种：胸无大志和目标不切实际。因此，摆脱空虚必须根据自己的实际情况，树立一个积极向上的目标，从而激发自己的潜力，充实生活内容。

不同的阶段有不同的目标，要排除消极和空虚，最重要的是明确自己为人的大小目标，然后去一步步地实现，用忙碌与充实来战胜空虚与失落。

要有目标，就应对自己有正确的认知，因为一个适当的目标既具有成功的极大可能性，可以让自己感受到奋斗中的酸甜苦辣，更有目标实现后的欣慰、快乐，亦增加了自信和勇气。反之，目标太低，不仅难以发挥自己的最大才能，亦会因太容易成功而沾沾自喜。

2. 要根据实际调整目标

不是所有的目标都可以一帆风顺地实现，有时我们会遇到很多困难和阻碍，这就需要我们调整目标，甚至转移目标，找到自己新的兴趣点。当一个人有了新的乐趣之后，就会产生新的追求；有了新的追求就会逐渐完成生活内容的调整，并从空虚状态中解脱出来，迎接丰富多彩的新生活。

3. 做个"没事找事"的人

很多人的空虚是太过放松、无所事事所致，这时就需要他们"没事找事"。世间有做不完的事情，没事可做的时候，不妨找点事情做。

很多人在找事情做的时候，总是害怕自己不能做或做不好，其实，这不重要，找到了事情，不妨先做做看，也许你会有意想不到的收获。

空虚就像是罩在我们头上的一层乌云，不论形状多么好看或难看，总有一天它会消散。与其盯着消极的方面，不如锻炼自己的身体，舒展自己的身心，积极向上地为理想而追求。乌云终会消散，我们的心灵也会因为积极的努力而慢慢地充实起来。

不要自我设限

科学家曾做过一个有趣的实验：

他们把跳蚤放在桌上，一拍桌子，跳蚤迅即跳起，跳起高度均在其身高的100倍以上，堪称世界上跳得最高的动物！然后科学家在跳蚤头上罩一个玻璃罩，再让它跳，这一次跳蚤碰到了玻璃罩。连续多次后，跳蚤改变了起跳高度以适应环境，每次跳跃总保持在罩顶以下高度。科学家逐渐改变玻璃罩的高度，跳蚤都在碰壁后主动改变自己的高度。最后，玻璃罩接近桌面，这时跳蚤已无法再跳了，科学家于是把玻璃罩打开，再拍桌子，跳蚤仍然不会跳，变成"爬蚤"了。

跳蚤变成"爬蚤"，并非是因为它已丧失了跳跃的能力，而是由于一次次受挫学乖了，习惯了，麻木了。最可悲之处就在于，当玻璃罩不再存在，它却连"再试一次"的念头都没有了。玻璃罩已经罩在了潜意识上，罩在了心灵上。行动的欲望和潜能被自己扼杀！科学家把这种现象叫作"自我设限"。

现实生活中，很多人的遭遇与此极为相似。在成长的过程中，特别是幼年时代，遭受外界（包括家庭）太多的批评、打击和挫折，于是奋发向上的热情、欲望被"自我设限"的观念改变了。

自我设限的观念带给人的是既对失败惶恐不安，又对失败习以为常，丧失了信心和勇气，渐渐形成懦弱、狐疑、狭隘、自卑、孤僻、害怕承担责任、不思进取、不敢拼搏的精神面貌。

人生在世，挫折和失败总是在所难免，可是多数人一遇到失败，就会变得心灰意冷，"一朝被蛇咬，十年怕井绳"，这就是自我设限的表现。"自我设限"是人生的最大障碍，如果想突破它，我们就必须不怕碰壁。这就需要我们有积极的进取心。

要拥有积极的进取心，首先要具备自信心。你必须从一定的高度看待自己，否则，你就永远无法突破你为自己设定的界限。你必须幻想自己能跳得更高，能达到更高的目标，以督促自己努力；否则，你永远也不能达到。如果你的态度是消极而狭隘的，那么，与之对应的就是平庸的人生。不要怀疑自己有实现目标的能力，否则，就会削弱自己的决心。只要你在憧憬着未来，就有一种动力驱使你勇往直前。

每个人体内都蕴藏着巨大的生命潜能，所以人人都能做成不朽的事业。在人的身体和心灵里面，有一种永不堕落、永不败坏、永不腐朽的东西，这便是潜伏着的巨大力量，而一切真实、友爱、公道与正义，也都存在于生命潜能中。这种力量一旦被唤醒，即便在最微弱的生命中，也能像酵素一样，对身心起发酵净化作用，增强人的力量。

所以，不要"自我设限"，将自己的潜力深深埋藏在心中，而要努力释放它们。

不要因为生命中遇到一些限制，就认为这些限制会伴随你的一生。社会在改变，生命在改变，思维也应该随之改变。

对自己的人生主动出击

大凡在世界上做出成就的人，往往不是那些幸运之神的宠儿，倒反而是那些"没有机会"的苦孩子。因为没有机会永远是弱者的推脱之词。但凡成功者，都是自己命运的指挥者。

很多失败者都认为，他们之所以失败，是因为不能得到别人所具有的机会，没有人帮助他们，没有人提拔他们。他们将对你说，好的位置已经人满了，高职位已被抢走了，一切好的机会都已被别人捷足先登，所以他们毫无机会了。

但积极的人却不会推脱，他们不哀叹，而是主动对自己的人生出击。他们只是迈步向前，不等待别人的援助，他们靠的是自己。

刚毕业不久的大学生小杨，在工作初期遇到了很多困难，但他告诉自己：面对问题时，要倾出全力，心中除了胜利以外，什么都不想。这种想法改变了他的人生。如今他已成为一家大公司中的第一号推销员了。他说："约在 4 年前，我还是个完全的落伍者。成天唉声叹气，愁眉不展，抱怨苍天待我不公平；我终日懒懒散散，整天做着发财梦，可是这些异想天开的幸运，始终没有发生。我的美梦终于破灭了，只觉得前途一片黑暗，就在这个时候，一个朋友对我说：'天下没有不劳而获的事情，人生要靠自己主动去开创，你对人生付出多少，人生就给予你多少。'人生每天都向我们提出一些问题——你是否对人生怀疑？你是否对自己的能力有信心？唯有信心才能使你主动去创造成功的人生。过去我从没有努力地工作过，再加上自己又缺乏信心，当然尝不到成功的果实。突然间，我感到自己整个人都变了，也发现现实充满了新的机会，我决定就从推销员干起，我相信自己有能力突破任何困难。从此'信心与行动'便成了我的人生信条。"

很多成功者谈到自己的经验时，总是谦逊地说："运气真好。"但我们应该知道，经验与判断力才是他们的利器。坐等运气的人，往往以虚度光阴或灾难临头收场。他们也许会在偶然的机会里暴富，但这种繁华很容易变成过眼云烟。随波逐流的人，通常是最相信运气的人。许多人庸庸碌碌，默默以终，是因为他们认为命运自有天定，从没想到可以创造人生。事实是，人生存在世上，那是天定；好好地把握自己的生活，使它朝着自己的计划和目标奋进，这才是人生。

积极进取的人，会把运气撇在一边，抓住机会，不放过任何可能让他成功的机会。他不会等待运气护送他走向成功，而会努力换取更多成功的机会。他可能会因为经验不足、判断失误而犯错，但是只要肯从错误中学习，等他逐渐成熟后，就会成功。真正想成功的人，不会只是坐下来怨天尤人，埋怨运气不佳，他会检讨自己，再接再厉。

掌握自己人生的主动权，就需主动对自己的人生出击，遇到事情不顺利时，必须抱着主动的精神和充分的信心，积极努力地去克服困难，就是遇到了再大的阻力，也决不可退缩，如此才有成功的希望。若开始就抱着放弃的心理，那就根本产生不了斗志，到头来困难更多，这样下去一定会失败。所以我们在遭遇困难时必须直面问题，冷静思考，努力地去尝试。

在遇到困难时，不要找些理由或借口来逃避现实。但凡成功立大业之人，都能面对困难，解决困难，不被逆流轻易击倒，甚至在找不到解决困难的方法时，也会自己去创造一些方法来解决。

要对自己的人生主动出击，可以运用下面的一些原则：

(1) 遇到困难时，最重要的就是绝不放弃，并持之以恒。

(2) 尽量用充满希望的积极言语来鼓励自己，不要老说一些丧失斗志的话。

(3) 不让外在控制内在，要以内在来控制外在，扭转形势，发挥"我认为能，就做得到"的精神。

(4) 做个主动的人。要勇于做事，做个真正在做事的人。

(5) 用行动来克服恐惧，同时增强自信。怕什么就去做什么，恐惧感自然就会消失。

(6) 培养自己推动自己的精神，不要坐等精神来推动你去做事。主动一点，自然会精神百倍。

(7) 时刻想到"现在"。"明天"、"下礼拜"、"将来"之类的词跟"永远不可能做到"意义相同，要成为"我现在就去做"的那种人。

(8)态度要主动积极，做一个改变者。要自告奋勇地去改变现状，要主动担任义务工作，向大家证明你有成功的能力与雄心。

用"热忱"构筑人生乐园

热忱这个词源自希腊文，直译过来是"内在的上帝"。它指出了热忱的内涵，一个人热忱的能力来自于一种内在的精神特质。你微笑，因为你很快乐，而在微笑的同时你又变得更快乐。热忱就像微笑一样，是会传染的。

一个人对于生活没有热忱，没有激情，他的生活是枯燥无趣的。

一个人对于工作没有热忱，没有激情，他的工作是没有效率的。

一个人没有热忱，没有激情，他的人际关系是很糟糕的，没有人愿意跟一个没有任何激情的人在一起。

无论你做什么事情，无论你所做的工作有多难，只要你有热忱，就能够无往不利、勇往直前。

热忱的人，无论是做清洁工，还是经营大公司，都会认为自己的工作是一项神圣的天职，并怀着浓厚的兴趣。对自己的工作满怀热忱的人，不论工作有多少困难，或需要多大的努力，始终会抱着不急不躁的态度去进行。只要抱着这种态度，任何人都会成功，都会达到目标。爱默生说过："有史以来，没有任何一番伟大的事业不是因为热忱而成功的。"事实上，这不是一段单纯而美丽的话语，而是迈向成功之路的航标。

热忱是一种积极的心态意识，能够鼓舞和激励一个人对手中的工作采取积极行动。不仅如此，它还具有感染性，不只对其他热心人士产生重大影响，所有和它有过接触的人都将受到影响。

热忱是行动的主要推动力，人类最伟大的领袖就是那些知道怎样鼓舞他的追随者发挥热忱的人。

在你的工作中融入热忱，那么，你的工作将不再辛苦或单调。热忱会使你充满活力，让你事半功倍。

热忱是一种重要的力量。你可以利用它克服自己对一些事物毫无兴趣的弱点，使自己获得进步。没有了它，人就像一块没有电的电池。

热忱是一股伟大的力量，你可以利用它来补充精力，并培养坚强的个性。有些人很幸运地天生即拥有热忱，其他人却必须努力才能获得。培养热忱的过程十分简单。首先，从事你最喜欢的工作，或提供你最喜欢的服务。如果你目前无法从事你最喜欢的工作，那么，你也可以选择另一个十分有效的方法，那就是，把将来从事你最喜欢的工作当作你明确的目标。

热忱是成功的源泉。你的意志力、追求成功的热忱愈强，成功的概率就愈大。热忱是一种积极状态——你24小时不断地思考一件事，甚至在睡梦中仍念念不忘。虽说一天24小时意识清楚地思考是不可能的，然而，有这种热忱却很重要。如果真这么做，你的欲望就会进入潜意识中，使你或醒或睡都能集中心志。

热忱可使你释放出潜意识的巨大力量。在认知的层次上，一般人是无法和天才竞争的，然而，大多数的心理学家都同意，潜意识力量要比显意识的大得多。虽然，并不是所有的人都可以成为达·芬奇或比尔·盖茨之类的奇才，但是，我们有理由相信，如果发挥潜意识的力量，即使是普通人也能创造奇迹。

发自内心的热忱，能造成震撼人心的效果。热忱是人生最珍贵的资产。

那么，如何构筑"热忱"的人生乐园呢？

(1)积极的自我对话。如，"我是最好的"，"我是最棒的"，"我充满着激情"。

(2)养成使用正面、积极词语的习惯。比如，不说"我不行"，而说"我可以"；不说"我试试看"，而说"我会"等，用正面词汇代替负面词汇。

(3)忘记过去的创伤。太多的人每天花很多时间想着过去的创伤，不要把你的精力浪费在这些地方，用你的理智去学会原谅和遗忘。

(4)在团体里寻找热情和快乐。世界著名潜能大师博恩·崔西说："一个人的幸福快乐80%来自于与他相处的人，20%来自于自己的心灵。"一个正面、积极的团队是你热情的源泉，可以召集一些思想积极的人，每个月聚会一次，一起讨论完成任务的方法，彼此激发灵感。

(5)把你的每一天都过得精彩。最重要的，是把每一天、每一秒都变成最棒的时刻。时间一旦过去，就会永远消失。

(6)角色假定。假定自己是自己心里向往或是崇拜的人的样子。

(7) 披风原理。披风一般是领袖、大人物穿的衣服，穿上披风会有一种自豪感。

欲得其上，必求上上

"人外有人，山外有山"，没有谁可以成为最强，要想常胜，就必须不断努力，攀登新的高峰。

古人曰："欲得其中，必求其上；欲得其上，必求上上。"大凡那些成功的政治家、著名的企业家、优秀的艺术家、杰出的科学家、创造纪录的运动员……都有一种一般人所没有的成就动机，求上、求优、求高，高标准地要求自己，并且付出了常人难以想象的努力，使自己一步一步向目标前进。拿破仑说过这样一句话："不想当将军的士兵不是好士兵。"话虽说得极端了一点，不过也隐含了这样一层道理：很难想象，一个从来没想过当将军的人，他会成为将军；一个从来没想过当科学家的人，他会成为科学家。其实，想当科学家也好，想当将军也好，其实质都是人的成就动机，有了它，人生就充满了动力。

积极进取，是一种永不停止的满足。在中华民族几千年的历史中，到处可以看到中国人的那种积极进取的精神。中国有许多优美的、动人的传说，如"夸父逐日"、"精卫填海"、"大禹治水"，所反映的就是一种自强不息的可贵精神。

积极进取是一种搏击。具有积极心态的人能承受住各种挫折和困难的考验，不灰心，不动摇，迎着困难上，并笑对困难，"霜冻知柳脆，雪寒觉松贞"。积极进取的人自信，不会轻易放弃自己的抱负，不会轻易认定自己失败；这类人不悲观，不绝望，他们坚强、勤奋、无畏，勇敢地与命运抗争。

积极进取是自我完善的基础。具有积极心态的人永远是自己选择命运，根据自己的兴趣、爱好、知识水平、能力去向命运挑战，而不是让命运来选择自己，所以他们的自我发展是健康的、完善的、美好的。

要想培养积极心态，首先要做到以下两点。

1. 要做一个主动创新的人

当你认为有某一件事情应该要做的时候，就主动去做。

2. 要有出类拔萃的愿望

人人都想赢得他人的赞同，受人欢迎，这是很正常的。但问问自己："我应该得到什么样的人的支持和赞同呢，是那些出于嫉妒而嘲笑我的人，还是那些靠实干取得进步的人?"相信是不难得出正确答案的。

想想那些获得巨大成功的人，他们是积极分子还是消极分子? 无疑，10个有9个都是积极分子、实干家。那些袖手旁观、消极、被动的人带不了头，而那些实干家们强调的是行动，他们会有许多自愿的追随者。

要有远大的目标，激起奋斗的欲望;要想达到某一目标，就要想得更远。

第三章

平和心态：
开拓成功的道路

解读平和心态

正确对待得失，才能得到平和

生活中并没有绝对的得与失，所谓的得与失很大程度取决于你的价值取向。

苦苦地去做根本就不可能办到的事，去苛求自己得不到的东西，只会给自己带来苦恼。

我们必须在纷繁琐碎中学会选择与放弃，"得之我幸，失之我命"，只要努力过，得不到也没有什么可惜，学会该放就放，平和对待得失。

平和是智者面对生活的明智选择，只有懂得时时以平和心态正确对待得失的人才会事事如鱼得水。

放弃了才能重新开始，才有新的机会获得成功。这样的放弃其实是为了得到，是在放弃中开始新一轮的进取，绝不是低层次的三心二意。拿得起，也要放得下；反过来，放得下，才能拿得起。荒漠中的行者知道什么情况下必须扔掉过重的行囊，以减轻负担、保存体力，努力走出困境而求生。该扔的就得扔，连生存都不能保证的坚持是没有意义的。

人生如牌局，如果知道自己摸到的是一手臭牌，就不要再希望这一盘是赢家。在陷进泥潭时，要知道及时爬起来，远远地离开那里。懂得选择与放弃，正确对待得失的人，才是智者。

三伏天，禅院的草地枯黄了一大片。

"快撒些草籽吧，好难看啊。"徒弟说。

"等天凉了，"师父挥挥手，"随时。"

中秋，师父买了一大包草籽，叫弟子去播种。

秋风突起，草籽飘舞。"不好，许多草籽被吹飞了。"小和尚喊。"没关系，吹去者多半中空，撒下也不会发芽，"师父说，"随性。"

撒完草籽，几只小鸟即来啄食，小和尚又急。

"没关系，草籽本就多准备了，吃不完，"师父继续翻着经书，"随遇。"

半夜一阵大雨，弟子冲进禅房："这下完了，草籽被冲走了。"

"冲到哪儿，就在哪儿发芽，"师父正在打坐，眼皮都没有抬，"随缘。"

半个多月过去了，光秃秃的禅院长出青草，一些未播种之院角也泛出绿意，小和尚高兴得直拍手。

师父站在禅房前，点点头："随喜。"

一份平常心，看似随意，其实却是看透了外物得失利弊之后的豁然开朗。为什么我们无法拥有平和，却徘徊于浮躁、得意、狂喜、傲慢、迷茫、不安、沮丧、焦虑、恐惧甚至绝望之间？恐怕是因为当我们对于得失过于执着，被外界奴役了自己的心，参不透人生的真谛。

即使我们不能完全做到像禅师那样超然智慧的境界，但可以学会放弃，争取活得洒脱一些。

古人云：鱼和熊掌不可兼得。如果不是我们应该拥有的，我们就要学会放弃。在人生的旅途中，需要我们放弃的东西很多。

有些人因为放不下到手的职务、待遇，整天东奔西跑，四处钻营；有些人因为放不下诱人的钱财，费尽心思，结果常常作茧自缚；有些人因为放不下对权力的占有欲，不惜丢掉人格与尊严。

生命如舟，生命之舟载不动太多的得失计较，要想在抵达彼岸时不会中途搁浅或沉没，就必须减轻载重，只取需要的东西，把那些应该放弃的欲望之果坚决地扔掉。

人生并不完美，总有缺憾。但若正确对待得失，便会得到心的平静与安然。不会放弃，就会变得极端贪婪，结果什么都得不到。放弃自己得不到的，让它成为你人生的一段往事。抛开过去的牵绊，你可以更好地活在现在，珍惜你所拥有的，更好地面对明天的人生。学会放弃，可以使你轻装前进，攀登人生更高的山峰。

再往深处想一想，生命是那么的脆弱，战争、疾病、车祸、事故、伤害，每天都有那么多向往阳光的人无辜死亡，而我们能够平安地生活在自己的家园里，享受着家人带来的温暖，我们还有什么理由不懂得惜福，有什么理由不放弃欲望的横流呢？

生命原本是简单的，很多东西我们要学会放弃，不要抱着得不到就是最好的偏执心理。能够放弃就是一种跨越，当你能够放弃一切，做到简单从容地活着的时候，你就不会再焦躁、不安、忧虑。

平和对待往事，把过去的一切放在身后。不要让过去的事情，得到或得不到，拥有和失去的事物，挤占在脑海里，致使身心负载过重。这样既浪费了精力，也影响了事业持续、快速、健康地发展。

失去的不必叹惋，它们在让你失去的同时也给予你很多，这些都是你人生的宝贵财富。人生是一个不断放弃，又不断创造的过程。拥有一颗正确对待得失的平和之心，是一种智慧的人生态度。

平和是一种宠辱不惊的境界

面对人生，需要一种看花开花落宠辱不惊，任云卷云舒去留无意的平和。拜伦说："真正有血性的人，绝不曲求别人的重视，也不怕被人忽视。"爱因斯坦用钞票当书签，居里夫人把诺贝尔奖牌给女儿当玩具。莫笑他们的"荒唐"之举，这正是他们淡泊名利的平常心的表现，是他们崇高精神的折射。他们赢得了世人的尊重和敬仰，也震撼了我们的灵魂。

日本有个白隐禅师，深受人们的尊重。

有一对夫妇，在住处的附近开了一家食品店，家里有一个漂亮的女儿。无意间，夫妇俩发现女儿的肚子无缘无故地大起来。这种见不得人的事，使得他们震怒异常！在父母的一再逼问下，女孩终于吞吞吐吐地说出"白隐"二字。

她的父母怒不可遏地去找白隐理论，但这位大师不置可否，只若无其事地答道："就是这样吗？"孩子生下来后，就被送给白隐。此时，他的名誉虽已扫地，但他并不以为意，只是非常细心地照顾孩子——他向邻居乞求婴儿所需的奶水和其他用品，虽不免遭白眼，或是冷嘲热讽，他总是处之泰然。

事隔一年后，那个女孩终于不忍心再欺瞒下去了。她老老实实地向父母吐露实情：孩子的生父是在鱼市工作的一名青年。

她的父母立即将她带到白隐那里，向他道歉，请他原谅，并将孩子带回。

白隐仍然是淡然如水，他只是在交回孩子的时候轻声说道："就是这样吗？"仿佛不曾发生过什么事，所有的责难与难堪，对他来说，就如微风拂过一般，风过无痕。

是非公道自在人心。人是为自己而活，不要让外物乱了自己的心。白隐守住了自己心中的那份平和，外界的非议对他来说，也就无足轻重了。

平和贵在平常，对待得失的超然只是其外在表现，真正平和的是一颗心。内心修炼至宠辱不惊的境界，不仅能正确对待得失，更能在人生大痛苦、大挫折前波澜不惊，生死不畏，于无声处听惊雷。利不能诱，邪不可干，心能昭日月。上不负天，下无愧人，桓颓其奈我何？旦夕祸福，知天达命，不违自然。从最平常的事物中，发现至真至美。

超脱荣辱得失，心清如水，是人生一大智慧。从失意处觅希望，从万全处见危机。猝然临之而不惊，无故加之而不怒。常思人之美，不以一眚掩大德；常思己之过，医好心病心生乐。得意不自持，失意不自失，不因为荣辱兴衰而扰乱一池清心；他人之恩，自是铭心；他人之过，却是云烟，不为他人的作为而打翻心中的天平。一颗平常心，是荣是辱，俱不过风吹烟散，守得云开见月明。

宠辱俱平常，人生境界实不平常。事事平常，事事也不平常。

宠辱不惊是一道精神防线。成功了要时时记住，世上的任何一样成功或荣誉，都依赖周围的其他因素，绝非你一个人的功劳。失败了不要一蹶不振，只要奋斗了，拼搏了，就可以无愧地对自己说："天空不留下我的痕迹，但我已飞过"（泰戈尔语）。这样就会赢得一个广阔的心灵空间，得而不喜，失而不忧，从而把自己的人生提升到宠辱不惊的境界。

"知足常足，知止常止"

"人心不足蛇吞象"，这是人的欲望永远不知满足的丑态。要想真正享受人生的乐趣，基本信条就是"知足常足，知止常止"。洪应明说的"谢事当谢于正盛之时，人肯当下休，便当下了，若要寻个歇处，则婚嫁虽完，事亦不少，僧道虽好，心亦不了。"可谓真知灼见。在对待名利、荣辱等问题上，还是知足一点好。

放纵欲望，让它主宰你的人生，即使欲望得到满足了，也不是满足，而是一种自我放逐，因为欲望会带来更多更大的欲望，就像细菌一样繁殖。如果我们为欲望所左右，为欲望的不能满足而受煎熬，那么人生还有什么滋味？

《老子》中说："知人者智，自知者明；胜人者有力，自胜者强；知足者富，强行者有志；不失其所者久，死而不亡者寿。"它与"知足常足，终生不辱；知止常止，终身不耻"可谓有异曲同工之妙。一个人无论拥有多少财富，权势无论有多高，如果不知满足，就永远生活在争权夺利之中，那种奔波忙碌的情形和穷人并无区别。

欲望的驱使，幻想的冲动，不切合实际的索取，让我们失去平和，不知足。不知足是一种最原始的心理需求，知足则是一种理性思维后的达观与超脱。

曾读过这样一个故事，说是一个大臣向皇帝请求要块封地。皇帝很慷慨地说，你从这儿向西走，在终点做一个标记，只要你能在太阳落山之前走回来，从这儿到那个标记之间的地都是你的了。太阳落山了，贪心的大臣没有走回来，因为走得太远，他累死在路上。

贪婪是条不归路。

贪不只限于金钱，对于事物的过于执着，皆可谓贪。贪于钱，是最浅显直白的贪。但更多的贪，隐于内心，执着事业，是一份上进心，但过于执着，便是野心；执着于爱情，是一份爱恋心，过于执着，则成占有欲；执着于兴趣，是一份好奇心，过于执着，就成了偏执。

这些贪，都源于不知足，不能对欲望控制自如，反被欲望所主宰。

谁说喜欢一样东西就一定要得到它。为了得到自己喜欢的东西，殚精竭虑，费尽心机，更有甚者可能会不择手段，以致走向极端。这样的得到便是失去。也许得到了自己喜欢的东西，但是在追逐的过程中，失去的东西也无法计算，付出的代价是得到的东西所无法弥补的。为了强求一样东西而令自己的身心疲惫不堪，是很不划算的。有些东西是"只可远观而不可近瞧的"，在欲望的美饰下，它变得无限美好。一旦你得到了它，日子一久，你可能会发现其实它并不如原本想象中的那么好。如果你再发现你失去的和放弃的东西更珍贵的时候，你一定会懊恼不已。常有这样的一句话"得不到的东西永远是最好的"。所以当你喜欢一样东西时，得到它并不是你最明智的选择。

"知足"智在"知不可行而不行"，"不知足"慧在"可行而必行之"。知足与不知足之间要把握一个度。若知不行而勉为其难，势必劳而无功，若知可行而不行，这就是堕落和懈怠。度就是分寸，是智慧，更是水平。

《老子》说："知足之足，常足矣。"人往高处走，水往低处流，谁不想生活、工作条件好些，精神安逸些？想归想，未必都能一一满足，在各种理想、愿望，甚至连小小的打算都未能成为现实的时候，一定要学会接受现实，珍惜你所拥有的，学会知足知止，保持一份平和和安宁。

拥有平和心态，平平淡淡才是真

独卧云间，笑看得失——不被失败所奴役

何谓人生？

人生如波澜壮阔的大海，时而风平浪静，一望无际；时而狂风怒号，惊涛拍岸。

人生如风云变幻的天空，一时阳光灿烂，白云飘忽，天高云淡；一时乌云密布，电闪雷鸣，风狂雨暴。

人生如一支辗转曲回的乐曲，时而高昂激荡，震天动地，促人警醒；时而浑厚低沉，婉转回肠，催人泪下。

人生如分明的四季，鸟语花香，春天生机勃勃；水清叶绿，夏天骄阳似火；金黄灿烂，秋天馨香浓郁；银装素裹，冬天深沉睿智。

有喜有悲、有聚有散、有乐有苦、有得有失、有沉有浮、有爱有恨、有生有死，这才是人生。

为人夫者有丈夫的甜蜜和苦衷，为人妻者有妻子的幸福和辛酸，做父母的有父母的欣慰和艰辛，做儿女的有儿女的骄傲和屈懑。从政者有官场上的得意和危机，经商者有商海的亨运和风险，农耕者有田园的安逸和辛劳，治学者有纸墨的雅趣和清贫。

只要生活在这个世界上，就会有悲欢离合，有得有失才是人生。

不要幻想生活总是圆圆满满，也不要幻想在生活的四季只享受春天，人生就是要跋涉沟沟坎坎，品尝苦涩与无奈，经历挫折与失意。

艰难险阻是人生对你另一种形式的馈赠，坑坑洼洼是对你意志的磨砺

和考验。落英在晚春凋零，来年又灿烂一片；黄叶在秋风中飘落，春天又焕发出勃勃生机。这何尝不是一种达观，一种洒脱，一份人生的成熟，一份人情的练达。

笑看得失，不是玩世不恭，更不是自暴自弃，而是一种思想上的轻装，是一种放眼长远的智慧。笑看得失才不会终日郁郁寡欢，笑看得失才不会生活得太累。

懂得了这一点，才不至于对生活求全责备，才不会在遭受挫折之后彷徨失意。

懂得了这一点，才能挺起刚劲的脊梁，接受温柔的阳光，找到充满希望的起点。

有的人因为一时的成功而沾沾自喜，故步自封，停滞不前；有的人因为一时的失败而心灰意冷，一蹶不振。人生需要放眼长远，笑看成败得失，塑造平和心态。以平常心视不平常事，则事事平常。

人生得意时，不可欣喜若狂，目空一切；人生失意时，切忌长吁短叹，自暴自弃。人生得意时，要珍惜生活，保持清醒的头脑，不管别人阿谀奉承，还是献媚恭维；人生失意时，要热爱生活，振作精神，不管别人指手画脚，还是热讽冷嘲。

只有超脱成败荣辱的凡尘，独卧云间，笑看得失，以平常心看待结果，以平常心看待偶然因素，以平常心收拾残局，为未来继续努力，才能超越自我，才有可能赢得更大的成功。

淡泊明志，宁静致远——提升人生的境界

"夫君子之行：静以修身，俭以养德。非淡泊无以明志，非宁静无以致远。夫学须静也，才须学也。非学无以广才，非静无以成学。慆慢则不能研精，险躁则不能理性。年与时驰，意与日去，遂成枯落，多不接世。悲守穷庐，将复何及！"诸葛亮毕生智慧都倾注于此《戒子》中。

"非淡泊无以明志，非宁静无以致远。"时隔千年，历史上的人和事早随时间远逝。然而默诵这一句，仍然感到清新澄澈，洗净心灵。遥想诸葛

孔明当年在草庐之中，必定经常久久地默对这一句话，领会着人生的真谛。

孔明，躬耕南阳，心忧天下。清风明月中读史，竹林泉石旁对弈，日观风云变幻，夜察星斗转移，不问名利，不求闻达，胸中的傲然之志和济世之才，已经在那青山绿水间浑然成就，当他离开卧龙岗时嘱咐切勿荒废农事，此去若大业能成，那时将回来继续享受这田园之乐。这一去，矢志不渝，鞠躬尽瘁，死而后已。作为蜀国丞相，未留下一分私财，赢得生前身后名。

"淡泊明志"，重在养德。"宁静致远"，重在修身治学。"夫学须静也，才须学也"是求学的道理，心境要宁静才能求学，才能要靠学问来培养。"韬慢则不能研精"，韬就是自满，慢就是自以为是。如果主观性太强，求学问就不能研精。"险躁则不能理性"，为什么用"险躁"？人做事情，都喜欢占便宜走捷径，走捷径就会行险侥幸，这是最容易犯的毛病。尤其是年轻人，易暴躁、浮躁，不能理性地处理问题。"年与时驰，意与日去"，是说年龄跟着时间过去了，人的思想又跟着年龄在变。"遂成枯落，多不接世。悲守穷庐，将复何及！"少年不努力，等到中年后悔，已是后悔莫及了。

几句话，千重意，诸葛亮不仅是在谈求学，更是在劝诫后人如何做人。做人是要切诫浮躁、虚荣和碌碌无为的，是要珍惜时光、守住内心的宁静的，也是要淡泊地对待世上的一切诱惑的。

适当的物质追求是天经地义，无可厚非的。即使功名利禄，只要是付出所得，也应受之无愧。但若对于这些东西的需求，变成无止境的追求，并以此作为人格追求、价值追求，必然会贪心不足蛇吞象。

利令智昏，过重的名利心易使人计较眼前得失，甚至违背道德、伤天害理，这些都会对树立平和心态产生不良影响。古人说："君子坦荡荡，小人长戚戚。"还说："君子爱财，取之有道。"这"道"就是人间正道，遵循它才能走上成功的坦途。

人生在世，种瓜得瓜，种豆得豆。追求功名利禄的人，整天考虑的是他人对自己的评价如何，必然活得累。追求淡然恬静的人，自然是荣辱毁誉不上心，按照自己的原则做人，做个古人所说的"没事汉，清闲人"。

"没事汉，清闲人"，不是无所事事的游手好闲者，而是精神自由平和的人，心的自由是宝贵财富。诚如卢梭所说："在所有的一切财富中最为可贵的不是权威而是自由，真正自由的人，只想他能够得到的东西，只做他喜欢做的事情。""放弃自己的自由，就是放弃自己做人的资格，放弃人的权利，甚至于放弃自己的义务。"

平和是欲望与幸福之间的桥梁。当你知足、不贪婪，能够淡然对待各种欲望时，你就会感到心静如水，感到快乐。平和需要正确对待人的欲望。一方面，要看到人有欲望是天经地义的事；另一方面，要看到欲望必须合乎自己的处境和地位，不为过分追求不切实际的欲望而苦恼。

我们不妨学会淡泊，学会宁静，对名利顺其自然。要相信：正当的付出，终将会得到回报。"我不能选择那最好的，让那最好的选择我吧。"泰戈尔的名言使人深思。

淡看世俗，淡看名利，无欲无求，也无所羁绊。心中无尘杂，志向才能明晰和坚定，不会被贪念侵蚀，被虚荣蒙蔽。宁静是心灵的洁净，心中宁静，就不会困于喧嚣的市井，不会被流言蜚语扰乱心智。心中宁静，意味着能静下心来思考，人因思考而得到灵魂的自由和永恒。淡泊与宁静，这是同一种境界。江水澄澈千里，在平淡中执着地奔流；群山巍峨千年，在静默中恒久地伫立。自然早已将这种境界展现给我们，日夜更迭，季节流转，清泉流淌，松涛起伏，一切在淡然之中，一切在平静之中。没有欲望和杂念，一切都和谐美好而且生生不息。这就是智慧，一种大智慧。如果人能悟到淡泊宁静的真谛，就不会再被生活逼迫，不会再因人事而精疲力竭。"行到水穷处，坐看云起时"，淡泊宁静之中，人生成就伸手便得，淡而愈浓，近而愈远。淡泊宁静，是人生大境界，心无外物，一片清明，而不再是糊涂和慌乱中的一时梦幻。

现代社会变化频仍，丰富多彩。能在各种变化和诱惑中保持平静的心态，不受外物影响而坚定不移地努力，甘于寂寞，保持清静圆满心态。这就是"淡泊以明志，宁静以致远"。

尽管生活中有许多无奈和烦恼，然而，只要我们拥有一份淡泊之心，坦然自若地去追求属于自己的真实，便能做到宠亦泰然，辱亦淡然。

有了这份淡泊宁静的处世心态，你便能简单而快乐地生活。大可不必为了一个职位争夺而彻夜不眠，为一次钱财得失而寝食难安。在平日充实的生活中，你忙你便有所收获；你虽平凡但你乐在其中；你斗室而居，但衣食自足；你渺小如一棵草，你平凡如一朵花，但你同样可以骄傲，玫瑰虽芳香馥郁，却抵不过幽兰的清淡隽永！

也许，你没有崇高的地位让人瞩目，没有万贯的财富令人垂涎，但若能淡泊明志、宁静致远，这便是人生难得的幸福了。

塞翁失马，焉知非福——成功的口诀

《淮南子·人间训》中有曰："近塞上之人，有善术者，马无敌亡而入胡。人皆吊之，其父曰：'此何遽不为福乎？'居数月，其马将胡骏马而归。人皆贺之，其父曰：'此何遽不能为祸乎？'家富良马，其子好骑，堕而折其髀。人皆吊之，其父曰：'此何遽不为福乎？'居一年，胡人大入塞，丁壮者引弦而战。近塞之人，死者十九。此独以跛之故，父子相保。"

这就是塞翁失马的故事。无独有偶，西方也有类似的故事。

古希腊有位国王，有一次在追捕猎物时，不幸摔断了食指。国王剧痛之余，立刻召见大臣，征询他对意外断指的看法。大臣对国王说，这是一件好事，并请国王往积极面去想。

国王勃然大怒，以为大臣在幸灾乐祸，即命侍卫将他关进大牢。

待断指伤口愈合之后，国王又兴冲冲地忙着四处打猎，却不料祸不单行，被丛林中的原始部落埋伏活捉。

原始部落有一个惯例，必须将活捉的人马的首领献祭给他们的神。祭奠仪式刚刚开始，巫师发现国王断了两截食指，按他们部族的律例，献祭不完整的祭品给天神，是要受惩罚的。原始族人连忙将国王赶下祭坛，并驱逐他离开，另外抓了一位大臣献祭。

国王狼狈地回到宫中，庆幸大难不死。忽而想起大臣所说断指确是一件好事，便立刻将大臣从大牢中放出，并当面向他赔礼。

大臣笑着原谅国王，并说这一切都是好事。

国王纳闷地说："说我断指是好事，如今我能接受；可是为何将你关在牢中受苦也是好事？"

大臣笑着回答："臣在牢中，当然是好事。陛下不妨想想，今天我若不是在牢中，而是跟您一块去打猎，现在我还能站在您面前跟您说话吗？"

可见，塞翁失马，焉知非福是放之四海而皆准的哲理。有位名人说过："没有永久的幸运，也没有永久的不幸。"当你接二连三地遇到倒霉的事情时，不要绝望，不要哀叹，只要相信你总会时来运转，只要你积极地为改变厄运去做点什么，你总会有收获的。

人生中难免会遇到灾难或挫折。但是，只要把灾难作为新的开端，就能够看见希望，把握住重大时刻便会"柳暗花明又一村"。

大发明家爱迪生的一生可谓坎坷不断，在他 67 岁时，他的实验室毁于一场火灾，损失近 350 万美元，而他的保险金额只有 40 万美元。金钱只是小事，更令人遗憾的是，他所有的研究成果都毁于一旦，他的学术论文集、所有的图样和笔记都烧成了灰烬。

面对着烧毁了他一生心血的大火，他非常冷静，微笑地看着火焰一点点地蔓延，并请别人将他的妻子带到自己身边来。当妻子到达火场的时候，他说："看呀，我们有生之年再也见不到这样壮观的场面了。灾难有很大的价值，我们所有错误都被烧掉了。谢天谢地，我们又能完全从头开始了。"

灾难不足以让我们垂头丧气，它只是让我们重新开始。我们应该像爱迪生一样，重新开始，因为灾难烧掉的是我们的错误。有时候，一次可怕的遭遇使我们备受打击，认为未来失去了意义。在这种时候，我们必须让自己相信，灾难中也常常蕴含着机遇。

在加拿大温哥华有这样一个女人，在她 34 岁时，丈夫在一次事故中丧生，留下两个小孩。没过多久，一个孩子被烤土司的油脂烫伤了脸，医生告诉她孩子脸上的伤疤终生难消，女人为此伤透了心。为了支撑这个被灾难打击得支离破碎的家庭，她在一家小商店找了份工作，可不久这家商店就关门倒闭了。丈夫给她留下一份小额保险，但是她耽误了最后一次保费的续交期，因此保险公司拒绝支付保费。

接踵而来的不幸，让女人近于绝望。她左思右想，决定再努力一次，尽力拿到保险补偿。在此之前，她一直与保险公司的员工打交道。这次她想与经理当面交涉，但一位接待员告诉她经理出去了。她站在接待室不知如何是好，就在这时，接待员离开了办公桌。机遇来了。她毫不犹豫地走进经理办公室，看见经理独自一人在那里。经理很有礼貌地问候了她。她受到了鼓励，沉着镇静地讲述了索赔时碰到的难题。经理派人取来她的档案，经过再三考虑，决定给予赔偿，虽然从法律上讲公司可以不承担赔偿的义务。工作人员按照经理的决定为她办理了赔偿手续。

就如灾难突然来临一样，好运也突如其来地降临。经理对女人的遭遇很是同情，事后他给她打了电话表示慰问。几星期后，他为女人推荐了一位医生，医生为她的女儿治好了烫伤，脸上的伤疤被清除干净。他还通过在一家大百货公司工作的朋友给女人安排了一份工作，这比以前那份工作好多了。

对于灾难，如果我们抱着平和之心，平常看待，总会出现转机。我们需要的是拥有一定要实现的梦想，同时寻找到实现它们的有效方法。

修炼平和，正确对待得失

降低你的愤怒程度

生气是拿别人的错误惩罚自己。相信每个人都会赞同这句话，然而真正能够做到不惩罚自己的人恐怕少之又少吧？不生气真的好难啊。走在路上被人泼了一身水，虽然对方一个劲地道歉，你也明白人家不是故意的，可是看着自己湿漉漉的衣服，还是忍不住抱怨：真可恶，怎么这么倒霉？于是一整天都在想这件事，并且后悔不已：早知道就早点出门，早知道就晚点出门。结果，到头来还是在生自己的气。过后想一想，真是不值得，反正已经被泼了，再怎么抱怨、后悔都没用，衣服还是湿的。那么倒不如这样想，不是常说遇水则发吗？这样一来，就没有什么可生气的了，回家换件衣服，重新开始新的一天。为什么要为一件已经无法挽回的事而破坏自己一天的心情，浪费自己的时间呢？

为什么我们常常发怒？花几分钟时间，让我们来思考一下其中的原因。

耶鲁大学心理学教授坎门这样说道："人们普遍有这样一种感觉：世界正逐渐包围我们，几乎把我们吞噬掉了。我们感到无能为力。突然之间，我们怀疑任何人都无法解决我们众多的问题，于是我们生气了。由于挫折失败导致爆发怒气。"

愤怒成了现代人的一种通病。现代人的生活节奏比以往任何时候都快，于是形成了一种张力，好比小提琴上的琴弦不断拉紧以致最后断裂。预期的目标未能实现——不管是生活中的油盐酱醋，学校里的成绩排名，还是工作中的种种不如意，所有这些及其他烦恼引起失望，一旦得不到解脱，就会产生愤怒。我们把日程表安排得愈来愈满，直到有一天大动肝火之后才问自己："我干吗发这么大的脾气？"这很简单——你在短短的时间内要做的事情太多了，但你没有做好，事情出了点意外，于是你觉得懊恼，并因此而惭愧，因为你肯定"有修养的人"是不会发怒的，而你却动怒了，你因此而讨厌自己。

愤怒是一种不良和有害的情绪。一个人经常发火，不仅会影响同事、朋友间的团结，还容易把矛盾激化，无益于问题的解决。对此，你可以试试下面的方法，降低你的愤怒。

1. 容忍克制

俗话说："壶小易热，量小易怒。"动辄发脾气、大动肝火是胸襟狭窄、气量太小的表现。要时刻克制自己，就必须有很高的修养，有修养的人才是有克制力的人。一个胸怀坦荡的人，是不会为区区小事而随意发火的。即使遇到不顺心的事或受到不公正的待遇时，也能做到心平气和地讲道理，和风细雨地解决矛盾和问题。

2. 保持沉默

有一位智者曾经这样说过："沉默是最安全的防御战略。"当意识到自己要发火时，最好的办法是约束自己的舌头，强迫自己不要讲话，采取沉默的方式，这样会有助于冷静头脑。让沉默成为一种保持身心平衡、抑制精神亢奋的灵丹妙药，不借外力而化解怒气。

3. 及时回避

面对可能引起我们生气的人和环境时，只要情况许可，不妨采取"三十六计，走为上策"。这样，眼不见，心不烦，火气就消了一半。

4. 自我提醒

快要发火时，只要还能自我控制，就要试着用理智驾驭自己的情感，警告自己"我这时一定不能发火，否则会影响团结，把事情搞砸"，心中默念："不要发火，息怒、息怒。"这样坚持下去，就会收到一定的效果。

5. 注意转移

心理学研究指出，在受到令人发火的刺激时，大脑会产生强烈的兴奋灶，这时如果有意识地在大脑皮质里建立另外一个兴奋灶，用它去取代、抵消或削弱引起发火的兴奋灶，就会使火气逐渐缓解和平息。例如，转移话题，做些令自己快乐的事情，聆听令自己愉快的音乐、戏曲，阅读引人入胜的小说、诗歌，或出去走走，等等。

其实，做到不生气并不难。试着用上面的方法，就可以在不幸面前，保持冷静的思考和稳定的情绪，客观地做出分析和判断。

不要过于计较个人的得失，不要常为一些鸡毛蒜皮的事动辄发火，愤怒要克制，怨恨要消除。保持和睦的家庭生活和友好的人际关系，这样你就可以拥有一颗平和的心。

不必事事追求完美

在日常生活中，我们常见到这样一种情况，有些人会因为某些方面存在瑕疵，而觉得痛苦异常。有人因为个子矮而自卑；有人因为眼睛小而心烦；有人因为肥胖而发愁……这些人往往只看到自己的缺陷，而不懂得瑕疵其实是完美的一部分。要求事事都尽善尽美，那是不可能的，不现实的。追求完美是我们进取向前的动力，但不能要求任何事情都完美无缺。因为绝对完美的事物根本就不存在，过于追求完美只会导致心理失衡而产生消极的情绪。

人生有许多的不完美，我们完全可以走出不完美的心境，而不是在"不完美"里哀叹。只有承认软弱，才可能变得坚强；只有勇敢面对人生的不完美，才能拥有完美的人生。

从前，一位方丈想从两个弟子中选一个做衣钵传人。

一天，方丈对两个徒弟说："你们出去给我拣一片最完美的树叶。"两个弟子遵命而去。

不久，大徒弟回来了，递给师傅一片树叶说："这片树叶虽然并不完美，但它是我看到的最完美的树叶。"

二徒弟在外面转了半天，最终却空手而归，他对师傅说："我看到了很多很多的树叶，但总也挑不出一片最完美的。"

自然，方丈把衣钵传给了大徒弟。

其实，世界上的任何事情都不可能完美，也不需要完美，因此，如果为了寻找一片最完美的树叶，而失去许多机会，这样的选择，只会显得很愚蠢。

在这个不完美的世界中，人生是不可能没有遗憾的。留些遗憾，倒可以使人清醒，催人奋进。有句话叫作没有皱纹的祖母最可怕，没有遗憾的过去无法链接整个人生。

生活不可能完美无缺，正因为有了残缺，我们才有梦想，有希望。当我们为梦想和希望而付出努力时，我们就已经拥有了一个完整的自我。

一些社会学家曾对许多身体有缺陷的成功者进行分析研究，最后得出结论：这些人之所以成功大部分是因为某种缺陷激发了他们的潜能。威廉·詹姆士曾说："我们最大的弱点，也许会给我们提供一种出乎意料的助力。"

弥尔顿如果不是失明，可能写不出精彩的诗篇；贝多芬则可能是因为耳聋，才得以完成更动人的音乐作品；而海伦·凯勒的创作事业完全是受到了耳聋目盲的激发……

达尔文曾经说过："如果我不是这么无能，我就不可能完成所有这些我辛勤努力完成的工作。"很显然，他坦然接受了自己的缺点。

每个人都不可能完美无缺，面对这不完美世界中的不完美人生，只有从内心接受自己，喜欢自己，欣赏自己，坦然地展示真实的自己，才能拥有成功和快乐。

不必事事追求完美，尽管你是不完美的，但你仍是独一无二、不可替代的。你喜欢自己，别人也会喜欢你；你珍视自己，别人也会珍视你。期待别人完美是不现实的，期待自己完美则是愚蠢的。喜欢不完美的自己，你将能够认知自己，掌握自己的人生；勇敢地展示自己，你将会获得意想不到的成功。

所以，不要苛求自己，不要被完美所累，要活出自我。

既然你并不完美，那么犯点错误对你来说并不是世界末日。你要学会对自己宽容一点，不要过分在意自己的短处。错就错了，纵然你悲伤、懊悔、内疚、抑郁等都于事无补。

改正错误的唯一办法就是在冷静地分析错误后，从中得到教训，然后再把错误忘掉。因为每当你开始为那些过去的事情忧虑的时候，你不过是在浪费时间。

智慧的人永远不会坐在那里为他们的损失而悲伤，而是很积极主动地想办法来弥补他们的创伤。

做人如弹簧，能屈亦能伸

有一位哲人说过：会生活的人，并不一味地争强好胜，在必要的时候，宁肯后退一步，做出必要的自我牺牲。

积极奋斗、努力争取、勇敢拼搏、坚持不懈这些都是褒义词。但应该看到，人生的路并不是一条笔直的大道，面对复杂多变的形势，我们不仅需要慷慨陈词，而且需要沉默不语；既需要穷追猛打，也需要退步自守；既应该争，也应该让。一句话，有为是必要的，无为也是必要的。

在人生的旅途中，应有所为，有所不为。无为和有为的选择取决于主客双方的力量对比。当主体力量明显占优势，居高临下，以十挡一，采取行动以后，可以取得显著的效果时，应该有为。而当主体处在劣势的位置上，稍一动作，就可能被对方"吃掉"，或者陷于更加被动的境地，那么，便应该以退为进，坚守"无为"。无为只是一种权宜之计、人生手段，待时机成熟，成功条件已到，便可由无为转为有为，由守转为攻，这就是中国古人所说的屈伸之术。

富兰克林年轻时曾去拜访一位德高望重的老前辈。那时的富兰克林因为年轻而轻狂张扬，他挺胸抬头迈着大步，结果他的头狠狠地撞在门框上，疼得他一边不住地用手揉搓，一边看着比他的身子矮去一大截的门。老前辈看到富兰克林这副狼狈的样子，笑笑说："很痛吧！可是，这将是你今天来采访我的最大收获。一个人要想平安无事地活在世上，就必须时刻记住：学会弯曲，该低头时就低头。"

富兰克林把这次经历看成是一生最大的收获，一生铭记并从这一准则中受益终生，成为美国历史上备受尊崇的"国父"。

　　智慧无国界，这位美国老前辈深谙中国古人所说的"弯曲"二字的真谛。人生之旅，坎坷多多，难免直面矮檐，遭遇逼仄。弯曲，就是在生命不堪重负的情况下，效仿雪松柔韧的品格，适时适度地低一下头，躬一下腰，抖落多余的沉重。唯有如此，人生之旅方可伸缩自如，游刃有余，步履稳健，一路走好。做人能懂得弯曲并敢于弯曲，是一种本领，更是一种境界。不会弯曲能做人，学会弯曲做能人——我们当师法雪松敢于弯曲的精神，以期让自己活得更精彩，更成功！

　　在生活当中，学会弯曲面对社会百态，才能使我们的生活更加平和隽永。

　　我们在谈到成功之道时经常会陷入一种误区，只单纯地强调要有一种勇往直前的精神，一种积极进取的精神。但是，有时候，一味地勇往直前未必是最好的方法，而弯曲则是一种以退为进的人生策略。

　　的确，人生需要不断进取。疾风知劲草，人须有傲骨，面对险恶的局势，应当有一种宁为玉碎、不为瓦全的精神。这种不达目的誓不罢休的"视死如归"精神我们自应提倡，也是我们一直所倡导的。但是，客观世界是复杂多变的，就某件具体的事情来说，也有其"时"、"势"的问题，在某些特定的时间里、环境下，选择弯曲的做法，也是一种积极的人生策略，而并非是消极退让。

　　"识时务者为俊杰。"所谓时务，也指时机，是客观形势和时代潮流，弯曲者面对环境变化，认清时务，因需而变，相机而动，他们不会一味死拼，不讲策略，这其实就是弯曲者的智慧——冷静、理智。越王勾践卧薪尝胆，一代战神韩信忍受"胯下之辱"，都是因为他们懂得弯曲，不因一时之争而盲目冲动。人生总有起伏，我们应当学会因势利导，而非"逆风而行"。

　　在时刻变化的世界里，要生存要发展，每一个人都必须自我调整，才能适应环境，要随时随地准备打破既有的、不合时宜的处事方式。这个世界需要变化，而变化总会带给我们很多意外甚至挫折，在困难面前，我们需要心态平和，以退为进，弯曲面对。做人如弹簧，才能更有韧性，而非玻璃一般脆弱易碎。

　　弯曲是知识、智慧的独到体现，更是理性、大度的深刻感悟。面对着高速发展的物质世界，我们必须具有人性的成熟美。否则，即使是将成功送到我们面前，我们还是难免在毛躁中失败。

守住内心的天平

要守住内心的天平，就要平衡你太过算计得失的内心。

平衡其实就像走钢丝的杂技演员，手中往往离不开一把伞，那是为了稳定重心，不至于摔落地面。对人生而言，其平衡的度无非就是把握住不偏向某种极端的方向，使自己的人生目标有一个正确航向或支点。

人，若太过于注重自己，就会有种飘飘然的感觉，忘乎所以，失去自己的本性。如有的人在自己心愿未遂之前，言行举止非常谦恭。一旦爬上一个连自己也没想到的位置，上面有人赏识，下面又有一批人追捧，往往就会头脑发热了，自以为是，走路昂首挺胸，说话拖着长音，遇到熟人要等着别人主动打招呼，面对下属摆出一副官腔官调、不苟言笑的面孔，出门要乘好车，吃饭要有人陪同，住宿要开最好的房间。时间一长，这种人就会成为生活的蛀虫，从而失去生活的准则与平衡点。

平衡不是简单的半斤对八两，不是各打五十板；平衡是社会和人生中的一根杠杆、一块基石，是一门学问、一门艺术，是每个社会成员和家庭成员特殊的、不可或缺的素质和能力。

人，不可自己瞧不起自己。自己都看不起自己，谁又会尊重你呢？但也不可把自己看得太重，如果不分时候、不分场合都觉得自己高人一等，而要求他人如众星捧月似的把自己捧着。这样的人，在生活中也是不受欢迎的。

在太极八卦中，最讲究阴阳相和，动静皆宜。动是世界的阳面，静是世界的阴面。阳面，是看世界的；阴面，是想世界的。动是行动的奋进；静则是内心的平衡。

静不下来，是因为无法守住内心的天平。处变不惊，你才能静下来。静对周围发生的一切，有充分的思想准备，才有能力应付。

过去发生的事情，曾经使你夜不能寐，惊恐万状，但你已经有了经验了，再次发生这样的事情，你就能安静如初。你经历了打击，经历了磨难，经历了别人的整治，以后你重新面对这一切的时候，你的内心便会平静如水。

毛泽东说过，"不管风吹浪打，胜似闲庭信步"，这就是静的最高境界。

生活不安定，思想不安定，周围就会缺少互相关照的人，心里一定很悲戚。这个时候，情绪容易激动。千万要坚守正道，小心行事。如果行为不安定，那就先找好一个固定的住所，把身体先安定，然后安定心灵。如果心灵不安定，那就出游，在山水间守住内心的天平。

不要抱怨生活，而应该努力改变心态。

不管世间的变化如何，只要我们的内心不为环境所动，则荣辱、是非、得失都不能左右我们。

常言道：春有百花秋有月，夏有凉风冬有雪；若无闲事挂心头，便是人间好时节。在生活中，工作中，我们会遇到种种不甚理想的环境，端正心态，正确对待，心外的世界的大小并不重要，重要的是我们自己的内心世界，不要太过于计较得失，简单使人宁静，宁静使人快乐！

第四章

强者心态：
扫除成功的障碍

解读强者心态

强者是苦难学校的毕业生

贝多芬生下来就是个麻子脸，而且正当风华正茂、踌躇满志之时，他竟然发现自己的听力在衰退。对于一个音乐家来说，听力的衰退不啻世界末日。但贝多芬进行了顽强的抗争，并说出了那句传颂千古的名言："我要扼住命运的咽喉，它绝不能使我屈服。"弥尔顿，这位英国伟大的诗人，这位失去了光明的战士，这位坚强地立足于苍茫大地的人，在描述自我的境遇时，是这样自勉的："在茫茫的岁月里／我这无用的双眼／再也瞧不见太阳，月亮和星星／男人和女人／但我并不埋怨／我还能勇往直前。"

爱伦·坡是一位浪漫、神秘的天才诗人、小说家。

在他的不朽名著《乌鸦》中这样写道："那只乌鸦总不飞去，老是栖息着，老是栖息着，在我房门上方那苍白的帕拉斯半身雕像上。它眼中流露的神情，看上去就好像梦中的一个恶魔。在它头顶上倾泻着的灯光将它的阴影投射在地板上。"这恰恰是他的人生写照。

这位天才诗人，一生都在穷困中度过，他大部分时间付不起房租，尽管房子简陋。他的妻子患有肺痨，因为没有钱寻医问药，只有终日卧于病榻。他们没有钱买食物，有时候，他们一连好几天都没有一点东西可吃。当车前草在院子里开花的时候，他们就把它摘下来，用水煮熟了当饭吃，有一段时间几乎天天如此。

然而，曾经只卖了10美元的《乌鸦》原稿，后来却成为了无价之宝。

帕格尼尼是世界著名的小提琴家，他的一生都是在苦难与不幸中度过的，但他善用苦难这根琴弦，所以他得到了上帝所赠予的才华。

帕格尼尼的不幸可以列出长长的一张表。4岁时，一场麻疹和强直性昏厥症，差点使他进入坟墓。7岁时患上了严重的肺炎。46岁牙床突然长满脓疮，他拔掉了几乎所有的牙齿。并且染上可怕的眼疾，几乎失明。50岁后，关节炎、肠道炎、喉结核等多种疾病吞噬着他的肌体。后来声带也坏了，靠儿子按口型翻译他的思想。

他长期把自己囚禁起来，每天练琴10～12小时。13岁起，他就周游各地，过着流浪的生活。

他把苦难拥抱得那么热烈和悲壮。

但同时，他也得到了回报，他的才华得到了举世的承认，12岁就举办首次音乐会，并一举成功，轰动世界。之后他的琴声遍及法、意、奥、德、英、捷等国。他的演奏使帕尔玛首席提琴家罗拉惊异得从病榻上跳下来，木然而立，无颜收他为徒。

他用充满魔力的旋律征服了整个欧洲和世界，几乎欧洲所有文学艺术大师，如大仲马、巴尔扎克、司汤达等都听过他演奏并为之激动。音乐评论家勃拉兹称他为"操琴弓的魔术师"。歌德评价他"在琴弦上展现了火一样的灵魂"。李斯特大喊："天啊，在这四根琴弦中包含着多少苦难、痛苦和受到残害的生灵啊！"

贝多芬、弥尔顿、爱伦·坡、帕格尼尼，他们都在世界历史上占有举足轻重的地位，他们每个人都遭受过沉重的苦难，但同时，又享受着这些苦难。

苦难是人生的一大财富，不幸和挫折可能使人沉沦，也可能铸造坚强的意志品质，成就充实的人生。苦难是人生的一位良师，能教我们学会用感激的心、积极的态度去对待一切问题，养成坚强的意志，勇敢地参与社会竞争。

苦难是一所学校。许多人之所以伟大，都来自他们所承受的苦难。最好的才干往往是从烈火中冶炼出来的。

没有苦难的人生也就没有辉煌，正如孟子所说"生于忧患，死于安乐"。因为人们面对苦难，下意识的就会挑战苦难，并最终战胜苦难。

有谁没面对过风霜的侵袭，又有谁在茫茫人海中漂泊，能顺利地觅得一栖安寝之地？也许我们应该听听那些成功之人背后的故事，其实每一个成功之人背后都有一部苦难史。

高尔基说过："苦难是人生最好的大学。"进过这所大学而且还能挺着胸走出来的人，必将会成为生命的强者。他们就像是山顶的树，狂风来时会低一下头，弯一下腰。但风一过，又直直地挺起了头，刚强，而又有韧性。

苦难会给人很多财富。有人在苦难中学会了坚强和忍耐，性格变得平和而达观。他们隐忍着自己的伤痛，对他人充满仁慈与关爱，甚至对曾经伤害过自己的人也给予宽容和理解。人性中那些轻狂浮躁、狡黠虚伪、庸俗势利等天性，离他们越来越远。因为他们知道，人生无常，命运无常，费尽心机得到的浮华终将是过眼烟云，是自己的跑不掉，不是自己的强留也留不住。珍惜自己所拥有的，走好脚下的每一步，才是根本。

苦难虽然有时会把你一生的追求和信念一瞬间撕得粉碎，也可能对你穷追不舍，一点点地蚕食着你生命中的绿色。但是，无论你经历过多少苦难，走过多少坎坷，你都不会一无所有，你总会拥有一些东西，它们是你生命里最为宝贵的财富。

其实苦难只是人生中的考验，有谁能不经历苦难就为自己争得一片天地？苦难是人生中不可或缺的部分，没有它，人生岂能活得精彩？

苦难，是一个人、一个群体与一个民族精神成长的食粮。而贫乏的时代之所以贫乏，往往在于世人不知苦难的深刻，人民不知苦难的深广，民族不知苦难的深重。只有承受苦难之后的不屈不挠，才称得上是灵魂的一种坚实状态，才称得上是源自坚强而又返归坚强的精神性存在。

只有从苦难这所学校毕业的人，才能拥有辉煌的人生，成为生命的强者。

呼唤"野性"的"狼道精神"

有一只名叫巴克的狗。它被人从南方主人家偷出来卖掉，几经周折后开始踏上淘金的道路，成为一条拉雪橇的苦役犬。在残酷的驯服过程中，它意识到了公正与自然的法则，恶劣的生存环境让它学会了狡猾与欺诈。经过残酷的、你死我活的斗争，它终于确立了领头狗的地位。在艰辛的拉雪橇途中，主人几经调换，巴克与最后一位主人结下了难分难舍的深情厚谊。这位主人曾将它从极端繁重的苦役中解救出来，而它又多次营救了主人。最后，在它热爱的主人惨遭不幸后，它便走向了荒野，响应它这一路上多次聆听到的、非常向往的那种野性的呼唤。

这就是杰克·伦敦最负盛名的小说之一《野性的呼唤》中的故事。巴克重返荒野的过程中，充满了野性与人性的角斗，而最终野性占据了主导。作者借此深刻反映了"弱肉强食"的丛林法则，揭示了野性的力量、残酷的生存法则，最终肯定和礼赞的是人性的力量。

狼不是自然界中个头最大、跑得最快、最为凶猛的动物，但它们却是自然界中的强者，这是为什么？

强者，无论在怎样的恶劣环境下，都可以生存发展。他们的身上，闪烁着一种野性的光芒，不屈不挠、顽强执着，他们不是温室里圈养的温顺小绵羊，而是经历自然磨炼具有坚强品质的狼。虽然狼没有虎的凶猛、豹的敏捷、狮的威严，但狼却依然不输它们。所谓的强者心态，便是这样一种狼道精神。有人将狼道精神总结为下面几条：

(1) 卧薪尝胆。狼不会为了所谓的尊严在自己弱小的时候去攻击比自己强大的敌人。

(2) 众志成城。狼如果不得不去攻击比自己强大的敌人，必群起而攻之。

(3) 自知之明。狼也想当兽王，但狼知道自己是狼而不是老虎。

(4) 顺水推舟。狼知道如何用最小的代价去换取最大的回报。

(5) 同进同退。狼虽然通常独自活动，但却是最团结的动物，你不会发现有哪只狼在同伴受伤的时候独自逃走。

(6) 知己知彼。狼尊重每一个对手，在每次攻击前都会去了解对手，而不会轻视它，所以狼的攻击很少失误。

(7) 授之以渔。狼会在小狼有独立能力的时候坚决离开它，因为狼知道，如果当不成狼，就只能当羊了。

(8) 自由可贵。在狼的眼中，自由是最可贵的。它们如果掉入猎人的陷阱时，可以咬断自己被夹住的腿，可以把自己弄得浑身是伤，甚至是放弃生命，都要得到自由。因为在它们的信念中，不能被别人掌控，自由是它们的一切。

这些都是狼在自然界称雄所具备的精神。我们要成为生活的强者，就需遵循狼道精神的精髓和原则，不断加强自我修炼，呼唤潜埋于我们心中的"野性"。

在这个竞争日益激烈的社会中，越来越多的人呼唤这种"狼道精神"，因为每一个人都是捕食者，同时又是其他人的"猎物"。金钱、地位、权力、爱情……这是所有人都在追求与竞争的目标。当你得到时，别人就失去了一次机会；当别人得到时，你也失去了一次机会。谁都不想失去一次机会，所以竞争变得异常激烈。

成功学大师罗宾说，世间有两种人，他们对待机会的态度各不相同。第一种人是像羊一样的弱者，总是等待机会，机会若不降临，他们就觉得寸步难行；第二种人是像狼一样的强者，总是创造机会，即使机会没有来临，也觉得脚下有千万条路可走。

人的一生是奋斗的一生，如果不去奋斗，生命就失去了意义，人生也缺少了激情。古语有云："若非一番寒彻骨，哪得梅花扑鼻香。"也就是说，不经一番傲霜立雪的搏斗，就无法开出娇艳的花朵。同样的道理，一个人只有不惧挑战，勇于奋斗，具有"狼道"精神，才能走向成功的殿堂！

坚强执着的"阿甘精神"

在1995年的第67届奥斯卡金像奖最佳影片的角逐中，影片《阿甘正传》一举获得了最佳影片、最佳男主角、最佳导演、最佳改编剧本、最佳剪辑和最佳视觉效果等6项大奖。在影片中，阿甘是个智商只有75的低能儿。在学校里为了躲避别的孩子的欺侮，听从一个朋友珍妮的话而开始"跑"。他一直以跑躲避别人的捉弄。在中学时，他为了躲避别人而跑进了一所大学的橄榄球场，就这样被破格录取，并成了橄榄球巨星，受到了肯尼迪总统的接见。

大学毕业后，阿甘应征入伍去了越南。在那里，他有了两个朋友：热衷捕虾的布巴和令人敬畏的长官邓·泰勒上尉。

战争结束后，阿甘作为英雄受到了约翰逊总统的接见。在"说到就要做到"这一信条的指引下，阿甘最终闯出了一片属于自己的天空。他结识了许多名人，他告发了水门事件的窃听者，他作为美国乒乓球队的一员到了中国，为中美建交立下了功劳。猫王和约翰·列侬这两位音乐巨星也是通过与他的交往，而创作了许多风靡一时的歌曲。最后，他靠捕虾成了一名企业家。为了纪念死去的布巴，他成立了布巴·甘公司，并把公司的一半股份给了布巴的母亲，自己去做一名园丁。他经历了世界风云变幻的各个历史时期，但无论何时，无论何处，无论和谁在一起，他都依然如故，淳朴而善良……

贯穿阿甘一生的，是他的奔跑，无论在何时何地，都不停滞，奔跑给他带来了人生的一个又一个辉煌。

在强者的字典里，没有半途而废这个概念，他们像阿甘一样，不停地"奔跑"。他们对生活中的每件事都认真到底，积极主动地面对各种挑战。在他们成功的字典里，你只会看到"坚持到底，就是胜利"、"努力，再努力"、"我从来不计较薪水的多少"等振奋人心的话。

强者总是用行动来证明他们的一切，他们的言谈举止都表现了他们的实干精神。他们的语言与行动总是能很好地配合。所以，对那些没有任何行动支持的语言，他们是不喜欢的。他们会直接说："让我们马上去干！行动是最好的语言。"

强者的生活就是面对和克服那些像潮水一样涌来的逆境，他们不会放过"往上爬"的机会，因为他们经历了太多的逆境。在现实中我们看到许多成功者都来自于不利的环境，他们都能从逆境淹没的世界里走出来。

迎接挑战要付出的代价是很大的，谁都不能否认这点，但是在战胜挑战后收获同样也是丰厚的。正是因为这样，那些懦弱的半途而废者所付出的代价，要比迎接挑战付出的还多。

"奇迹多是在厄运中出现的。"很多事情在顺利的情况下做不成，而在受挫折后，经受悲痛的"浸染"后，却能做得更完美，更理想。

"压力能使人产生奇异的力量。"人们最出色的工作往往是在逆境下做出的。思想上的压力，甚至肉体上的痛苦，都可能成为精神上的兴奋剂。

压力，为人创造了值得思考琢磨的机会，使人能尽快成熟起来。世上成大事的人无不是经过艰苦磨炼的。艰难的环境会使人沉沦，但是在成大事者的眼里，困难终会被克服。这就是所谓的"艰难困苦，玉汝于成"，即经过艰辛的雕琢，玉才可成器。

要想成为强者，需学阿甘不停"奔跑"，用自己的坚强与执着谱写人生一章又一章的辉煌乐章。

无关外在，强者是内心的强大

1952 年，海明威发表了中篇小说《老人与海》：老渔夫桑提亚哥在海上连续 84 天没有捕到鱼。起初，有一个叫曼诺林的男孩跟他一道出海，可是过了 40 天还没有捕到鱼，孩子就被父母安排到另一条船上去了，因为他们认为孩子跟着老头不会交好运。第 85 天，老头儿一清早就把船划出很远，他出乎意料地钓到了一条比船还大的马林鱼。老头儿和这条鱼周旋了两天，终于叉中了它。但受伤的鱼在海上留下了一道腥踪，引来无数鲨鱼的争抢，老人奋力与鲨鱼搏斗，但回到海港时，马林鱼只剩下一副巨大的骨架，老人也精疲力竭地一头栽倒在地上。孩子来看老头儿，他认为桑提亚哥没有被打败。那天下午，桑提亚哥在茅棚中睡着了，梦中他见到了狮子。

"一个人并不是生来要被打败的，你尽可以把他消灭掉，可就是打不败他。"这是桑提亚哥的生活信念，虽然渔夫已老，但他依然胸怀壮志，这样一个坚强的人，怎么可以说不是强者？

或许，每个人对于"强者"的定义都不同。但无论千种万种结论，强者的本质在于内心，一个内心强大的人，远远强于只徒有外表的懦弱者。

从心理学上来说，强者要具备 4 种关键的品质。

1. 独立性

独立性是指个体倾向于自主地选取决定和行动，既不易受外界环境的偶然影响，也不易被周围人所左右。一个强者，首先必须独立，不依赖别人，这样才能成为自己的主宰，让自己能够独立发展存在。意大利诗人但丁由于反对当时权重势大的教皇统治，被教皇罗织罪名，判处终身放逐。在他逝世前5年，教皇曾宣布，若他当众认罪，就允许他回国。但丁为不使自己的清白遭受玷污，断然拒绝。他说："一心循着你自己的道路走，让人家随便怎样去说吧！"这句为马克思十分欣赏的名言，显示出一种高度独立的意志特征。

2．果断性

果断性是指善于在复杂的情境中迅速而有效地做出决定。欲求成功，把握时机很重要，时机瞬间即逝，只有处事果断，才能抓住有利时机。强者不仅要有强劲的韧性，还要有果敢的勇气。强者不是有勇无谋的武夫，而是智勇双全的勇士，他们能够随机应变，而不优柔寡断，"该出手时就出手"是强者的英雄本色。

3．坚韧性

人生是一个漫长的过程，实现人生的总目标，需要数十年的奋斗。长时期地向着既定目标奋进、拼搏，必须具有坚忍的意志。鲁迅在"风雨如磐"的旧社会，特别强调要坚持"韧性的战斗"。许多卓有成就的革命家、科学家、文艺家之所以取得成功，除了他们的才能之外，无一例外地都具有坚忍的意志。正是这种坚韧性，使他们数十年如一日地克服种种艰难险阻，百折不挠地向前搏击。强者可以被打败，但不可以被打倒，说得便是这种坚韧性。

4．自制力

人不但是客观环境的主人，也应是自己的主人。人能根据正确的原则指挥自己，控制自己。自制力典型的范例是英雄邱少云，他为了不在敌人面前暴露目标，强忍烈火烧身的煎熬，一动不动，直至失去生命，这是为了事业，为了全局利益，高度发挥了人的自制力。这一事例也证明，一个人高尚而强烈的社会性动机可以在很大程度上制约和克服自己的生理性动机，展示出令人惊叹的意志力量。自制，让强者时时进行自我规范、自我完善。用强大的自制力规范自我，使得强者比平常人更加优秀。

一夜之间，一场火灾烧毁了美丽的"森林庄园"，刚刚从祖父那里继承了这座庄园的乔治陷入了一筹莫展的境地。

他经受不住打击，闭门不出，茶饭不思，眼睛熬出了血丝。

一个多月过去了，年已古稀的祖母获悉此事，意味深长地对乔治说："小伙子，庄园成了废墟并不可怕，可怕的是你的眼睛失去光泽，一天一天地老去。一双老去的眼睛，怎么能看得见希望……"

乔治在祖母的说服下，一个人走出了庄园。

他漫无目的地闲逛，在一条街道的拐弯处，他看到一家店铺的门前有人在排队。原来是一些家庭主妇正在排队购买木炭。那一块块躺在纸箱里的木炭忽然让乔治的眼睛一亮，他看到了一线希望。

在接下来的两个星期里，乔治雇了几名烧炭工，将庄园里烧焦的树木加工成优质的木炭，送到集市上的木炭经销店。

结果，木炭被抢购一空，他因此得了一笔不菲的收入。然后他用这笔收入购买了一大批新树苗，一个新的庄园粗具规模。几年以后，"森林庄园"再度绿意盎然。

从这则故事中，我们可以看出，古稀的祖母比年轻的乔治更加坚强。她使乔治用一颗强大的内心抵御外界的灾难，从而获得了新生。

强者——正是我们所追求的目标。我们之所以追随强者的脚步，是因为有了它我们才可能获得一次又一次成功，是因为有了它我们才可能登上生命的巅峰。

我们追求内心的强大，它让我们无畏于征途中的艰难险阻，它让我们在一次次挫折之后仍是不屈不挠，它让我们在承受一次又一次的打击后却仍能为心的向往而努力奋斗。只有在拥有坚韧的品格之后才能具有坚强心理承受力，而有了坚强的心理承受力之后，你便能正视厄运——从厄运中吸取经验教训，争取下一次的成功，而不是在遭受打击之后一蹶不振，永远陷于"厄运"的泥淖中再无翻身之地。

我们追求内心的强大，是因为我们在一些方面仍不能承受过重的压力，是因为我们还不能正确地面对自身的一些问题，是因为我们在受到失败的打击之后，仍需旁人的鼓励和鞭策，而不能靠自身的力量去摆脱失败的痛苦。这是我们不想见到的。所以，我们需要追求独立坚韧的品格，追求果断自制的理性，追求那无处不在的坚强的心理承受力。

我们追求内心的强大，是因为我们是处于钢铁和鸡蛋之间的那种人——具有一定的心理承受力，虽不像鸡蛋一般脆弱，但也没有钢铁的坚强。这种人可能在失败后获得成功，也可能在挫折中一败涂地。这是我们不想见到的。所以我们仍需要去追求，追求坚韧，追求坚强。

但是一颗坚强的心并不是说说就能拥有的，它需要我们通过不懈的努力，才能树立起正确的世界观和人生观，勇敢面对各种失败和挫折。只有正确地面对失败，才有失败后仍然坚持成功的信念；只有失败后的成功，才能证明你是一个强者，才算拥有坚强的心理承受力。

即使贫穷、潦倒、失败、一无所有，甚至疾病缠身，这种种的厄运围绕在一个人周围，都没有关系，只要他拥有一颗强大的内心，终究会击退厄运之神，以强者之姿傲然挺立。

拥有强者心态，一切皆有可能

磨难成就辉煌人生

人们在获得成功的道路上，不但会遭遇挫折，而且还会遭遇困难和艰辛。

这些磨难只能吓住那些性格软弱的人。对于真正坚强的人来说，任何磨难都难以迫使他就范。相反，磨难越多，对手越强，他们就越感到拼搏有意义。黑格尔说："人格的伟大和刚强只有借矛盾对立的伟大和刚强才能衡量出来。"

奥斯特洛夫斯基曾说过："人的生命似洪水在奔腾，不遇着岛屿和暗礁，难以激起美丽的浪花。"

大文豪巴尔扎克也说："世界上的事情永远不是绝对的，结果完全因人而异。苦难对于天才是一块垫脚石……对于能干的人是一笔财富，对弱者是一个万丈深渊。"

生活中总避免不了困难与不幸，但有些时候，它们并不都是坏事。平静、安逸、舒适的生活，往往使人安于现状，耽于享受；而挫折和磨难，却能使人受到磨炼和考验，变得坚强起来。"自古雄才多磨难，从来纨绔少伟男"，痛苦和磨难，不仅会把我们磨炼得更坚强，而且能扩大我们对生活的认识范围和认识的深度，变得更加成熟。比如，别人的嫉妒和谣言中伤会给我们带来痛苦，但从另一个角度来看，也让我们认识到人与人之间的复杂关系，练就一身"百毒不侵"的功夫，更好地在人群中保护自己，在调整和处理人际关系上学到更多的东西。再比如，进行某项改革，由于经验不足失败了，这是痛苦的。但是，"失败乃成功之母"，失败所带来的启示常会把我们引向成功之路。只要不泄气，勇于继续探索，善于总结经验教训，就一定能开辟出一条成功的道路来。

美国科学家弗罗斯特教授不屈不挠地苦斗了25年，硬是用数学方法推算出太空星群以及银河系的活动、变化规律。可是你知道吗，他是个盲人，完全看不见他终生热爱着的天空。英国辞典编纂家塞缪尔·约翰生视力衰弱，但他却成功地编纂了全世界第一本真正堪称伟大的《英语词典》。英国大诗人弥尔顿最完美的杰作诞生于他双目失明之后。达尔文被病魔缠身40年，可是他从未间断过对改变了整个世界观念的科学预想的探索。爱默生一生多病，但是他留下了美国文学史上第一流的诗文集。查理斯·狄更斯，他的一生都在与病魔做斗争，但他却创作了世界上最优秀的小说……

在生活和工作中遭受挫折、经受考验是很正常的事情，像朋友的背叛、家人的不理解，等等，所有这些，我们都可能会遇到。每当我们遇到这些挫折的时候，我们应该扪心自问：我所遇到的这一切，与弗罗斯特、塞缪尔、弥尔顿、达尔文他们相比，又算得了什么呢？

种子深埋在泥土之中，泥土既是它发芽的障碍，更是它生长的基础和源泉。瀑布迈着勇敢的步伐，在悬崖峭壁前毫不退缩，因山崖的拦截碰撞造就了自己生命的壮观。挫折是成功的前奏曲，挫折是成功的磨刀石。因挫折而一蹶不振的人，是生活的弱者；视挫折为人生财富的人，才会获得成功的桂冠。

人的一生绝不可能是一帆风顺的，既有成功的喜悦，也有扰人的烦恼；既会经历波澜不兴的坦途，更有布满荆棘的坎坷与险阻。在挫折和磨难面前，畏缩不前的是懦夫，奋而前行的是勇者，攻而克之的是英雄。唯有与挫折作不懈抗争的人，才有希望看见胜利女神高擎着的橄榄枝。

挫折是惊涛骇浪的大海，你既可以在那里锻炼胆识，磨炼意志，获取宝藏，也有可能因胆怯而后退，甚至被吞没。

真正的强者，不但在碰到困难时不害怕，而且在没有碰到困难时，积极主动地寻找困难。这些具有更强的成就欲的人，是希望冒险的开拓者，他们更有希望获得成功。在《一千零一夜》里，有一个勇敢的航海家辛伯达，他总是去寻求那种与大自然抗争、与海盗搏斗的惊险航行，而恰恰是这些经历使他应付危机的能力大大增强，使他一次次大难不死，安全抵达目的地。在生活和事业中，千千万万的强者，不正是从克服困难的过程中，取得了一个又一个引人注目的成就吗？

成功，是在挫折和失败中建立起来的，它不仅是一种结果，更是一种不怕失败，在磨难中永不屈服的能力。松下幸之助说："成功是一位贫乏的教师，它能教给你的东西很少；我们在失败的时候，学到的东西最多。"因此，不要害怕失败，失败是成功之母。没有失败，你不可能成功。那些不成功的人是永远没有失败过的人。

困难的环境，最能磨炼人的意志，增强人的才干，对人的性格有着特殊的锻炼价值。对于磨难，我们不必害怕也不必回避，而应以强者的姿态迎难而上，在征服磨难的过程中，锻炼得更加坚强。

有的人能够战胜和超越磨难站立起来，而有些人则被磨难击垮。在磨难中站起来的是强者，正如鲁迅所说："真的猛士敢于直面惨淡的人生，敢于正视淋漓的鲜血。"古今中外，强者战胜磨难的感人事迹不胜枚举，而被磨难击垮的则是弱者。弱者在磨难面前只看到困难和威胁，只看到所遭受的损失，只会后悔自己的行为，或怨天尤人，整天处于焦虑不安、悲观失望、精神沮丧之中；而强者却能战胜磨难，坚持到最后。

只有经历了风雨的彩虹才会放出美丽的光彩，只有从困境中走出的人才是真正的强者。"宝剑锋从磨砺出，梅花香自苦寒来。"

不懂得在痛苦中丰富和提高自己的人，多半是愚蠢和懦弱的。对我们遇到的种种挫折和问题，既不能回避，也不要沮丧，而是多想办法，迎难而上，这样才能使自己与智慧结下缘分，让磨难铸就你的辉煌人生。

天助自助者

某人在屋檐下躲雨，看见一个和尚撑伞走过。

这人说："大师，普度一下众生吧，带我一段如何？"

和尚说："我在雨里，你在檐下，而檐下无雨，你不需要我度。"

这人立刻跳出檐下，站在雨中："现在我也在雨中了，该度我了吧？"

和尚说："我也在雨中，你也在雨中，我不被淋，因为有伞；你被雨淋，因为无伞。所以不是我度自己，而是伞度我，你要被度，不必找我，请自找伞！"说完便走了。

自助而后天助。自己的命运唯有自己去把握，别人是帮不上忙的。

"自立者，天助也"，这是一条人生格言，它早已被无数人的经验所证实。自立的精神是个人真正的发展与进步的动力，是国家兴旺强大的真正源泉。

一个在心灵上处于被动奴化状态的人是不可能仅仅靠别人的帮助就能改变自己的命运的。

贫穷非但不会变成不幸和痛苦，相反，通过吃苦耐劳、坚忍不拔的自助实干，它也许会转化成为一种幸福；它能唤起人们奋发向上的激情，并为之勇敢地战斗。

露皮塔27岁那年，出现了她一生中的转折点。她去了一趟两个儿子一起上学的学校，校长的话让她的心都碎了。"你这两个儿子反应太迟钝了。"校长对她说。

她自己从小智力就很差，以至于不得不退学，到了16岁就出嫁，婚后生了两男一女。如今两个孩子又被列为低能者，让她难以接受。她决心自己来死啃孩子们的教科书，自己先上学，再教孩子们。

就这样，她上学了，还要兼顾家务。到第一学年末，她惊奇地意识到，自己的能力并不比别人差。于是，她开始更加勤奋地学习。

1974年，露皮塔被授予文学硕士学位。1977年，她又取得了博士学位，成为颇具声望的美国教育委员会的会员。而她的孩子们也在母亲的鼓励下，顺利而出色地完成了学业。

露皮塔没有因为自身缺陷而怨恨，而是通过努力，为自己开辟了一条"星光大道"。

自力更生和战胜自我将教会一个人从自身力量的源泉中吸取动力，依靠自己的力量品尝成功的味道。

最穷苦的人也有登上顶峰的时候，在他们走向成功的道路上没有被证明根本不可战胜的困难。

自助是一种智慧和能力，这种智慧和能力潜藏在我们生命之中，只有当我们自信地奋斗，自己救自己，它们才会聚集起来，发挥作用。

狭路相逢"勇"者胜

勇气可以铸就人类伟大的奇迹，它可以坚强到比钢铁还坚硬，帮助你挑战超越极限的伟大目标，忍受别人所不能忍受的逆境，让你在绝对劣势下反败为胜。

没有比战争更残酷的考验，唯有在生死存亡间，人们才能淬炼出钢铁般的勇气。

古往今来，人们对于成功秘诀的谈论实在是太多了。幸运女神让成功的声音一直在每个人的耳边萦绕，只是没有人去注意它罢了。她反复述说的就是一个词——勇气。任何一个人，只要听见了幸运女神的召唤并且用心去体会，就会获得足够的能量去攀登生命的巅峰，实现人生的价值。

失败并不可怕，人人都有失败的经历。在与失败狭路相逢后，关键在于怎样爬起来，怎样正确归纳因果。归因就是人们用来解释自己或他人行为因果关系的动机理论。当你做了某事后，会有一些积极或消极的情绪，归因直接影响到你的情绪。个人将成功归因于能力和努力等内部因素时，他会感到骄傲、满意、信心十足，而将成功归因于任务简单和运气好等外部原因时，产生的满意感则较少。相反，如果一个人将失败归因于缺乏能力或努力，则会产生羞愧和内疚，而将失败归因于任务太难或运气不好时，产生的羞愧则较少。归因于努力比归因于能力，无论对成功或失败均会产生更强烈的情绪体验。努力而成功，体会到愉快；不努力而失败，体验到羞愧；努力而失败，也应受到鼓励。

遇到危险时，如果认为逃脱不掉，就狠下心来拼命看看，或许反而会摆脱危险。在战场上尤其如此，愈怕死的反而愈容易死，而那些决心拼死而去搏斗的人，却意外地都能生存。"死掉也好"，当心存这种大无畏精神的人，在碰到人生大困难时，有时会开辟出生存之路。像这样在困难中生存过的人，他们以后的人生会更明朗、更乐观。

钢铁大王卡内基说："任何人都不是和成功无缘，只是大部分人都无法自己去创造机会而已。"卡内基的一位朋友，也是美国数一数二的亿万富翁亨利·惠尔普，他少年时代就知道自己去创造机会。他在报纸广告栏刊出的"勤勉的少年求职"造就了他前往实业世界的起点。拿破仑也是自己创造机会的人，当他还是一个士兵的时候，他就拟定了一份从土伦港（法国军港）击退英军的作战计划，送到作战本部。正因为这份作战计划，他才被提拔为前线指挥官，并且按照他的计划击退了英军，成为法军的明星人物。

只要抱着勇气试试看，人生总会走出危机，迎来转机。

狭路相逢"勇"者胜。

锻造强者心态，脱离精神"逆境"

飞出"金丝笼"，变成独立的"雄鹰"

很多时候我们羡慕在天空中自由自在飞翔的雄鹰，人，其实也该像雄鹰一样的，飞于九天之上，与白云为伴，立于悬崖之巅，与狂风为伍，无拘无束，无羁无绊。这，才是雄鹰应有的生活，才是人类应有的生活。

但是，这世上终还有一些鸟儿，因为无法独立于白云之上，转而依赖他人，钻进人们为它准备的遮风挡雨的笼子，从而成为笼中鸟儿，永永远远地失去了独立与自由，成为人类的玩物。与人类相比，鸟儿的依赖要简单得多。而人类，却要面对来自红尘之中的种种磨难。结果，许多人往往在这些磨难中迷失了自己，跌进了依赖的牢笼。

这，是鸟儿的悲哀，也是人类的悲哀。

然而更为悲哀的是，鸟儿被囚禁于笼中，被人玩弄于股掌之上，仍欢呼雀跃，放声高歌，甚至于呢喃学语，博人欢心；而人类置身于依赖牢笼的包围中，仍自鸣得意，唯我独尊。

人，要靠自己活着，而且必须靠自己活着，在人生的不同阶段，尽力达到理应达到的自立水平，拥有与之相适应的自立精神。这是当代人立足社会的根本，也是形成自身"生存支援系统"的基础，因为缺乏独立自主精神和自立能力的人，连自己都管不了，还能谈发展成功吗？即使你的家庭环境所提供的"先赋地位"是处于天堂之乡，你也必得先降到凡尘大地，从头爬起，以平生之力练就自立自行的能力。因为不管怎样，你终将独自步入社会，参与竞争，你会遭遇到比学习、生活复杂得多的生存环境，随时都可能出现或面对你无法预料的难题与处境。你不可能随时动用你的"生存支援系统"，而是必须靠顽强的自立精神克服困难，坚持前进！

飞出"金丝笼"变成独立的"雄鹰"，这是所有成功者的做法。其实，当一个人感到所有外部的帮助都已被切断之后，他就会尽最大的努力，以坚忍不拔的毅力去奋斗。而结果，他会发现：自己可以主宰自己的命运！

完全依靠自己、绝没有任何外部援助，这能激发出一个人身上最重要的东西，让人全力以赴。就像十万火急的关头，一场火灾或别的什么灾难会激发出当事人做梦都没想到过的一股力量。当一个人的生命危在旦夕，当他被困在出了事故、随时都会着火的车子里，当他乘坐的船即将沉没时，他必须当机立断，采取措施，渡过难关，脱离险境。

一旦一个人不再需要别人的援助，自强自立起来，也就踏上了成功之路。一旦一个人抛弃所有外来的帮助，他就会发挥出过去从未意识到的力量。如果一个人决定依靠自己，独立自主，就会变得日益坚强，距离成功也就越来越近。

你有没有听过这样一则故事？

一个喜欢冒险的男孩爬到父亲养鸡场附近的一座山上去，发现了一个鹰巢。他从巢里拿了一只鹰蛋，带回养鸡场，并把鹰蛋和鸡蛋混在一起，让一只母鸡来孵。小鹰和小鸡一起长大，因而不知道自己除了是小鸡外还会是什么。起初它很满足，过着和鸡一样的生活。

但是，它渐渐对鸡的生活感到不满足，渴望一种全新的独立生活。它不时地想："我一定不只是一只鸡！"只是它一直没有采取什么行动，直到有一天一只了不起的老鹰翱翔在养鸡场的上空。它抬头看着老鹰的时候，一种想法出现在心中："我和老鹰一样，养鸡场不是我待的地方。我要飞上青天，栖息在山岩之上。"

它从来没有飞过，但是这种飞翔的力量埋藏于它的内心深处。它展开了双翅，飞到一座矮山的顶上。极为兴奋之下，它再飞到更高的山顶上，最后冲上了青天，它发现了伟大的自己。

你是否有这份勇气，让自己脱离养鸡场的生活，像故事中的小鹰那样，独立"飞翔"？

只要拥有遇事求己的那份坚强和自信，人人都能摆脱"金丝笼"的束缚，成为独立的雄鹰。

过分依赖别人，失败的是自己。一味地把希望寄托在别人身上，而不积极地创造条件改变自己的命运，就如同失去思维能力的人自己的一切都掌握在别人手里。

因此，要成为生命的强者，我们就要摆脱依赖的心理，一切靠自己，用独立与坚强为自己建造幸福的家园。

不要让别人设定你的人生

一名热爱文学的青年苦心撰写了一篇小说，请作家批评。因为作家正患眼疾，青年便将作品读给作家听。读完最后一个字，青年停顿下来。作家问道："结束了吗？"这一追问，燃起青年的激情，立刻灵感喷发，马上接续道："没有啊，下面更精彩。"他以自己都难以置信的构思叙述下去。

到达一个段落，作家又似乎难以尽兴地问："结束了吗？"

小说一定跌宕起伏、扣人心弦！青年更兴奋，更激昂，更富于创作激情。他不可遏止地一而再、再而三地接续、接续……突然，电话铃声骤然响起，打断了青年的思路。

电话找作家，急事。作家匆匆准备出门。"那么，没读完的小说呢？""其实你的小说早该收笔，在我第一次询问你是否结束的时候，就应该结束。何必画蛇添足、狗尾续貂？该停则止，看来，你还没把握好情节脉络，尤其是，缺少决断。决断是当作家的根本，否则，绵延拖沓，拖泥带水，如何打动读者？"

青年追悔莫及，自认自己过于受外界左右，对作品难以把握，恐不是当作家的料。

很久以后，这名青年遇到另一位作家，羞愧地谈及往事，谁知作家惊呼：你的反应如此迅捷、思维如此敏锐、编造故事的能力如此高超，这些正是成为作家的天赋呀！假如正确运用，作品一定能脱颖而出。

　　青年的文学生涯由于别人的几句话而中断，实在令人可惜。但更可悲的是，他没有主见，轻易让别人设定了自己的人生。

　　"一千个人眼里有一千个哈姆雷特。"凡事绝难有统一定论，别人的"意见"可以适当地参考，但永不可代替自己的"主见"，不要被他人的论断束缚了自己前进的步伐，追随你的热情、你的心灵，它们将带你实现梦想。遇事没有主见的人，就像墙头草，东风东倒，西风西倒，没有自己的原则和立场，不知道自己能干什么，会干什么，自然与成功无缘。

　　只有坚持自己的路，不被别人言语所左右的人，才能达到人生的辉煌。

　　歌剧演员卡罗素美妙的歌声享誉全球。但当初他的父母希望他能当工程师；而他的老师则说他那副嗓子是不能唱歌的。

　　贝多芬学拉小提琴时，技术并不高明，他宁可拉他自己作的曲子，也不肯做技巧上的改善，他的老师说他绝不是个当作曲家的料。

　　达尔文当年决定放弃行医时，遭到父亲的斥责："你放着正经事不干，整天只管打猎、捉老鼠。"另外，达尔文在自传上透露："小时候，所有的老师和长辈都认为我资质平庸，我与聪明是沾不上边的。"

　　爱因斯坦4岁才会说话，7岁才会认字。老师给他的评语是："反应迟钝，不合群，满脑袋不切实际的幻想。"他曾有过退学的遭遇。

　　罗丹的父亲曾怨叹自己有个低能儿子，在众人眼中，他曾是个前途无"亮"的学生，艺术学院考了3次也没考进去。

　　法国化学家巴斯德在读大学时表现并不突出，他的化学成绩在22人中排第15名。

　　牛顿在小学的成绩一团糟，曾被老师和同学称为"呆子"。

　　《战争与和平》的作者托尔斯泰读大学时因成绩太差而被劝退学。老师认为他："既没读书的头脑，又缺乏学习的兴趣。"

　　如果这些人不是"走自己的路"，而是被别人的评论所左右，又怎么能取得举世瞩目的成绩？

　　强者，是不会让别人设定他们命运的，他们只会自己掌握命运，亲手为自己的人生挥毫泼墨。

许多人常常很在意自己在别人的眼里究竟是一个什么样的形象，因此，别人的话语往往成为他们的"圣旨"，轻易改变自己的人生道路，结果抱憾终身。

"自己才是自己最大的敌人"，我们总是不断地用别人的言语来"迫害"自己，让自己不断地懦弱下去，却不敢反抗别人的话语，做自己的主人。

我们常常"卑鄙"地把失败的原因归咎于别人，虽然很多问题都出在自己身上，很多麻烦都是自找的。让别人设定你的生命，其实也是为自己的失败找借口的一种逃避。每一个人在先天性格上都有一些缺陷，只是许多人不愿承认失败是因为自己的缺点，这种逃避的防卫心理很容易让人理解，但如果对自己的缺点浑然不觉或者不知反省，一味推向别人，结果就会把自己一步一步推向失败，成为一个懦弱的胆小鬼。

罗斯福总统的夫人曾向她的姨妈请教对待别人不公正的批评有什么秘诀。她姨妈说："不要管别人怎么说，只要你自己心里知道你是对的就行了。"避免所有批评的唯一方法就是只管做你心里认为对的事——因为你反正是会受到批评的。

不要被他人的论断束缚了自己前进的步伐。追随你的热情，追随你的心灵，不被别人左右的强者心态将带你到你想要去的地方。

强者的成功方式是不为别人而活，不要求每个人去赞同自己的行动。

让每个人都同意或认可你所做的每一件事，这是绝对不可能的一种妄想。如果，你认为自己有价值，值得重视，那么，即使你没有得到他人的认可，你也绝不会感到沮丧。你的坚强会为你挡住外界的攻势。如果你把不赞成视作生活在这一星球上的人不可避免地会遇到的非常自然的结果，不被别人所左右，那你便是生活的强者。在我们生活的这一星球上，强者的认知是人人都是独立的，人人都应该为自己而活。

生命的脚本可由演出者的主观意志加以改变。杜柏林认为，每个人天生的性格固然会影响他的行为模式，但即使一个失败者的形象是与生俱来的，也可以自己决定不再依赖这种脚本过日子。问题是，你愿不愿意正视你的缺陷。不要让别人来设定你的生命，不要为自己找借口，不要再继续自讨苦吃，要做生命的强者。

如果将自己的发展依赖于别人的定位，而没有自己的人生目的，没有自我实现的欲求，就不可能做出一番事业。你的生命，要靠自己去雕琢，你要选择自己的生活道路，确定自己的人生目标，也就是为自己"人生道路怎么走"、"朝着什么方向走"、"最终要达到什么目的"进行设计。

被别人设定，并且照着别人的设定去做的人，他的生命注定只能平淡无奇，碌碌无为。而强者对自己的生命充满激情和幻想，他们不断地超越自己，达到一个又一个高峰，人生也因此而绚丽多彩，跌宕多姿。

失败了也要昂首挺胸

面对失败，我们是责备自己，还是给予自己激励和勇气？有这样一则故事，给了我们答案：

1954 年，巴西人都认为巴西队能获得世界杯赛冠军。可是，天有不测风云，在半决赛中巴西队却意外地败给法国队，结果那个金灿灿的奖杯没有被带回巴西。球员们悲痛至极。他们想，去迎接球迷的辱骂、嘲笑和汽水瓶吧，足球可是巴西的国魂。

飞机进入巴西领空，他们坐立不安，因为他们的心里清楚，这次回国凶多吉少。可是当飞机降落在机场的时候，映入他们眼帘的却是另一种景象。巴西总统和 2 万名球迷默默地站在机场，他们看到总统和球迷共举一条大横幅，上书：失败了也要昂首挺胸。

队员们见此情景顿时泪流满面。总统和球迷们都没有讲话，他们默默地目送着球员们离开机场。4 年后，他们终于捧回了冠军奖杯。

失败并不可怕，可怕的是失败了之后消沉下去，一蹶不振。要学会摆脱失败的阴影，在失败面前昂首挺胸。

成功的道路上难免有失败的乌云笼罩。想要获得成功，人需与暴雨相随，与狂风对抗，方能攀上自我实现的高峰。那么，为什么一遇到行动上的阻力你便会退缩呢？为什么你的意志力会如此脆弱呢？因为你缺少成功的信念，而成功的信念将会使你坚定向前，无惧于沿途所遭逢的困难。

世界上有无数强者，即使丧失了他们所拥有的一切东西，也还不能把他们叫作失败者，因为他们仍然有永不屈服的意志，有着一种坚忍不拔的精神，而这些足以使他们从失败中崛起，走向更伟大的成功。

世间真正伟大的强者，对于所谓的是非成败并不介意，他们能够做到"不以成败论英雄"。这种人无论面对多么大的失败，绝不失去镇静，这样的人终能获得最后的胜利。在狂风暴雨的袭击下，心灵脆弱的人唯有束手待毙，但这些人的自信、镇静，却依然存在，这种精神使得他们能够克服外在的一切困难，而得以成功。

他在小学时被退学。

他破产后跑到一个小镇的商店，在那儿耗费了 15 年的时光偿清了他所有的债务。

他经营代理业务办公室，却二度失败。

他处理参议院办公室事务，亦曾二度遭挫败。

他每天受到新闻界及群众的批评攻击。

他被全国半数的人藐视。

他有几个生理上的缺陷，并且被形容为不英俊。

在他当总统期间，他的国家正经历前所未有的血腥阶段。

甚至，当他发表一篇后来成为经典之作的著名演讲时，当时听众不是毫无反应，就是嫌它太短。

他就是美国历史上最伟大的总统之一——林肯。

在林肯大半生的奋斗和进取中，有 9 次失败，只有 3 次成功，而第 3 次成功就是当选为美国的第 16 届总统。而正是有那些失败的教训，有屡败屡战的意志力，林肯才取得了最伟大的成功。

要想真正战胜失败，关键是要学会昂首挺胸，正视失败，从中吸取教训，不再犯同样的错误。只有愚蠢到不可救药的人才会在同一个地方被同一块石头绊倒两次，这样的人也不会从失败中把握未来，实现命运的转折。

那些经常哀叹自己命运的人，大多是面对失败就退缩、自信心不足、不善于经营管理、喜欢铺张浪费又不肯吃苦耐劳的人。殊不知不幸和愚昧是邻居，一条狂吠的狗比一头睡狮更加管用。

面对失败，你如果不能昂首挺胸，它们会不断扩展，直到取代你的所有理想与信念，控制你的心，并使你的内心充满失败感，怀疑自己的能力，对所尝试的事情缺乏成功的信心。

只有昂首挺胸面对失败，才能战胜失败，战胜自我。

所谓昂首挺胸，其实就是"跌倒了再站起来，在失败中求胜利"。这是历代伟人的成功秘诀。只有敢于与失败抗争，才有可能练就非凡的意志力，才有可能打通成功的隧道。跌倒不算失败，跌倒了站不起来，才是真正的失败。

有人问一个孩子，他是怎样学会溜冰的，那孩子回答道："哦，跌倒了爬起来，再跌倒再爬起来，就学会了。"

对我们每一个人来说，总有许多失败与绝望的过去，总会觉得自己碌碌无为，一事无成。在衷心希望成功的事情上失败了；至亲至爱的亲属朋友竟然离自己而去；失掉了职位，或是营业失败，在强者看来，这些都是微不足道的。面对这种种失败与不幸，只要不甘屈服，昂首挺胸，那么胜利就在前方向你招手。

打败恐惧的方法就是直面恐惧

约翰是一个非常平凡的上班族，却在40岁那年做出了一个疯狂的举动，放弃薪水优厚的办公室工作，并把身上仅有的3块多美元捐给街角的乞丐，只带了换洗的衣裤，他决定从自己的老家，阳光灿烂的加州出发，靠搭便车穿越美国东西，到达东岸一处叫作"恐怖角"的地方。

他之所以做出这样的决定，完全是因为他意识到，虽然他有好工作、温柔美丽的妻子、善良可敬的亲友，但他发现自己这辈子太平淡了，他觉得自己的前半生在懦弱中虚度了。

为了检讨自己的懦弱，他很诚实地为自己的"恐惧"开出一张清单：从小时候开始算起，他就怕保姆、怕邮差、怕鸟、怕猫、怕蛇、怕蝙蝠、怕黑暗、怕大海、怕飞、怕城市、怕荒野、怕热闹又怕孤独、怕失败又怕成功、怕精神崩溃……他无所不怕，唯一"英勇"的一次是他当众向妻子表白求婚。

这个懦弱的40岁男人上路前竟接到母亲这样一张纸条："你一定会在路上被人杀掉。"但他成功了，2 000千米路，仰赖82个陌生人的好心，他成功了。

身无分文的他从没接受过别人金钱上的帮助，在暴风骤雨中睡在潮湿的睡袋里，风餐露宿只是小事，他还曾经碰到精神病患者的骚扰，遇到几个怪异诡秘的家庭，甚至还会时不时觉得有人像杀人狂魔和银行抢劫犯。经历过无数的"恐惧"之后，他终于来到恐怖角，接到妻子寄给他的提款卡（他看见那个包裹时恨不得跳上柜台拥抱邮局职员）。他不是为了证明金钱无用，只是用这种正常人会觉得"无聊"的艰辛旅程来使自己面对所有恐惧。

恐怖角到了，但令人意外的是，恐怖角并不恐怖，原来"恐怖角"这个名称，是由一位探险家取的，本来叫"CapeFaire"，被讹写为"CaepeFear"，原来是一个失误。

约翰终于明白："这名字的不当，就像我对自己的恐惧一样。我最大的耻辱不是恐惧死亡，而是恐惧生命——我一直害怕做错事。"

地位、声望、财富、鲜花……这些美好的东西都是给富于勇气的人准备的。一个被恐惧控制的人是无法成功的，因为他不敢尝试新事物，不敢争取自己渴望的东西，自然也就与成功无缘。胆怯、逃避是毫无用处的，只有直面恐惧，才能战胜恐惧。

恐惧有时候就像是一扇虚掩着的门，实际上你没有必要害怕，因为那扇门是虚掩着的。

很多人都会对"不可能"产生一种恐惧心理，绝不敢越雷池一步。因为太难，所以畏难；因为畏难，所以根本不敢尝试；不但自己不敢去尝试，认为别人也做不到。

困境中如果你认为自己真的完了，那你就永远失去了站立的机会。

恐惧是一种藏于内心的病毒，它会毒害你，扼杀你的信心、勇气，让你变成一个彻头彻尾的胆小鬼、失败者。因此你必须消灭它，这样你才能活得轻松快乐。

一旦勇于面对恐惧之后，绝大多数人立刻就会醒悟：自己拥有的能力竟然远远超过原来的想象！

无论你内心感觉如何，你都要摆出一副赢家的姿态。就算你落后了，保持自信的神色，仿佛成竹在胸，会让你心理上占尽优势，而终有所成。

不要因为恐惧，不敢去尝试，其实人人都是天生的冒险家。从你出生的那一时刻起到 5 岁之间，人生第一个 5 年里，是冒险最多的阶段，而且学习能力也比以后更强、更快。

难以想象，在我们的懵懂阶段，整天置身于从未接触过的环境中，不断地自我尝试，学习如何站立、走路、说话、吃饭，等等。在这个阶段的幼儿，无视跌倒、受伤，一切冒险为理所当然，也正因为如此，才能茁壮成长。

可当人的年龄不断增长，经历过许多事情之后，反而变得愈来愈胆小，愈来愈不敢尝试冒险。这是为什么？

其实这是个很简单的道理，大多数人根据过往的经验得知，怎么做是安全的，怎么做是危险的，如果贸然从事不熟悉的事，很可能会对自己产生莫大的威胁。随着年龄的增长，他们越来越安于现状，害怕改变。

行为科学家把这种心态称之为"稳定的恐惧"，也就是说，因为害怕失败，所以恐惧冒险，结果观望了一辈子，始终得不到自己想要的东西，殊不知，凡是值得做的多少都带有风险。

危险常常与机会结伴而行。如果听听成功者的说法，就不难理解一个人在获得成功前，大多会遭遇到挫折。一时的挫败并不表示一生的终结，绝不能因为害怕就踌躇不前。为了获得成功，失败是难以避免的，只要能从失败中吸取教训，此后该怎么做，心里自然一清二楚。

只有直面恐惧，不怕冒险，才能打败恐惧，走向成功。

但由于恐惧心理作祟，很多人宁可躲到一边，远离机会。恐惧心理有很多类型：担心事情发生变化、害怕遭遇未知的问题、因放弃安定的收入而感到不安……总之，失败是一件可怕的事。

如果能按照以下几点去做，恐惧将不再发生。

1．要有必胜的信心

只有自己才能保证自己的将来。工作需脚踏实地，生意虽有成有败，但知识或经验的价值却永不消失。一个人只要有信心有实力，无论遭遇什么情况都不致一筹莫展，而且它们是谁都夺不走的。

小成就的累积，可以培养更大的信心。一个人应该认真地自我反省，努力改进，以建立信心，如此才能在遭遇阻碍时，发挥最大的潜力。

2．冲破恐惧心理

面对伴随冒险的机会时，内心的恐惧就会对你说："你绝对办不到。"

祛除恐惧的办法只有一个，那就是往前冲。假如对机会心怀恐惧，更应强迫自己去面对它。一旦获得机会，向前迈进，以后碰上更好的机会时，就不会恐惧了。

3．不怕失败，勇于接受挑战

如果毅然接受挑战，至少可以学到一些经验，增长自己的见识。不要怕失败，也不可因此一蹶不振。敢向激流游去，即使不能立刻获得成功，一定也能学到宝贵的经验，成功只是时间问题而已。一个人只要肯努力学习，成功的机会就会逐渐增加。

直面恐惧，让自己成为一个冒险家，人生便不再黑暗，敢于争取、敢于斗争的人才能给自己争取到成功境界里的一席之地。如果你无法战胜自己的恐惧心理，成功也就永远与你无缘。不要害怕，去勇敢面对荆棘坎坷，才会活得多姿多彩。

破釜沉舟才能绝处逢生

中国历史上，有两次绝处逢生的著名战役，一是"破釜沉舟"，一是"背水一战"。

秦朝末年，天下大乱。秦将章邯攻打赵国起义军。赵军退守巨鹿（今河北平乡西南），并被秦军重重包围。危难之中，楚怀王封宋义为上将军，项羽为副将率军救援赵国。

但是面对赵军即将被围剿的结果，宋义却退守安阳，按兵不动，希望秦赵两军交手后两败俱伤，他再渔翁得利。

宋义的不义之举，再加上退守时粮草已经严重匮乏，兵车困顿不堪，导致军中怨声载道。项羽见此忍无可忍，进营帐杀了宋义，并声称他叛国反楚。于是将士们拥项羽为上将军。杀宋义的事，使项羽威震楚国，名闻诸侯。

随后，他率所有军队悉数渡黄河前去营救赵国以解巨鹿之围。全军渡黄河之后，项羽下令把所有的船只凿沉，把所有烧饭的锅都打破，并烧掉自己的营房，只带三天干粮，断绝自己的后路，打算与秦军一决死战。

这支被自己逼上绝路的大军迅速到了巨鹿外围，包围了秦军并截断了秦军外联的通道。楚军战士以一当十，杀伐声惊天动地。历经九次的生死激战，楚军最终大破秦军。而前来增援的其他各路诸侯却都因胆怯，不敢近前。楚军的骁勇善战大大提高了项羽的声威。战胜后，项羽于辕门接见各路诸侯时，各诸侯皆被项羽这种壮烈无敌的威严所震慑，不敢正眼相对。

"破釜沉舟"由此得来。

公元前204年，韩信率一万新招募的汉军越过太行山，准备攻打项羽的同盟国赵国。赵王和大将陈余集中二十万兵力，占据了太行山以东的咽喉要地井陉口，大有"一夫当关，万夫莫开"的迎战气势。井陉口以西，是一条长约百里的狭道，两边是山，道路狭窄，是汉军的必经之地，形势对韩信十分不利。赵军谋士李左车献计：不要正面应战，派兵绕到汉军大后方，切断他们的粮道，把韩信困死在井陉狭道中。陈余刚愎自用，不听李劝，说："韩信只有几千人，千里袭远，如果我们避而不击，岂不让诸侯看笑话？"

探得敌方消息后，韩信迅速率领汉军进入井陉狭道，在离井陉口三十里的地方扎下营来。夜半，韩信秘派两千轻骑，每人带一面汉军旗帜，从小道迂回到赵军大营的后方埋伏，并告诫他们，在两军对阵后，迅速冲进赵营，拔掉赵旗，换上己方旗帜。其余汉军在简单的休整装备后，马上向井陉口进发。到了井陉口，大队渡过挠蔓水，背水列下阵势，敌军见后，无不笑话韩信是自寻死路。

陈余率轻骑精锐蜂拥而出，要生擒韩信。韩信假装兵败不敌，逃回河边的阵地。陈余果然上当，下令赵军全营出击，直逼汉军阵地。汉军因无路可退，个个奋勇争先。双方厮杀半日，赵军丝毫占不到半点便宜。这时赵军想要退回营垒，却发现自己大营里全是汉军旗帜，军心立时大乱。韩信趁势反击，赵军大败，陈余战死，赵王被俘。战后，有人问："兵法有云，背山、面水列阵是行军打仗之大忌，这次我们背水而战，居然打胜了，这是为什么呢？"韩信说："兵法上不是也说'陷之死地而后生，置之亡地而后存'吗？在毫无退路的情况下，士兵才能发挥他最大的战斗力，这样才有可能扭转劣势，转败为胜。"

两次战役都是将自己置于死地。在毫无退路的绝境之中，士兵反而没有退缩之意，更加勇猛直前，赢得胜利。

生活中的我们，就是因为有太多顾虑而畏缩不前。如果破釜沉舟，我们就不再有托词，反而会激起斗志，走向另一片辉煌天地。

第五章

共赢心态：
分享成功的秘诀

解读共赢心态

更多的利益让人们走向共赢

21世纪是一个全球一体化的共赢时代，合作已成为人类生存的重要手段。随着科学知识的纵深发展，社会分工越来越细，任何人都不可能成为百科全书式的人物。每个人都要借助他人的智慧完成自己人生的超越，所以这个世界既充满了竞争与挑战，又充满了合作与快乐。

合作共赢不仅使科学王国不再壁垒森严，同时也改写了世界的经济疆界。我们正经历一场转变，这一转变将重组政治和经济，将没有仅属于一国的产品或技术，没有仅属于一国的公司，也没有仅属于一国的工业。至少将来不再有我们通常所知的仅属于一国的经济，留存在国家界限之内的只是组成国家的公民。所以，在这样一个大背景下，共赢心态成为人们走向成功所必备的一种心态。

在这个纷繁复杂的社会中，每个人都需要别人的帮助。适应他人固然要心胸宽广和虚心学习，但如果仅仅是单方面地适应，则可能仍然得不到他人的支持与帮助。因此，具备施与心的同时，还要具备帮助他人适应你的能力和习惯。

与对手竞争夺取成功是我们的奋斗目标，但合作共赢也是成功的一大趋势。人在通往成功的路上更多的是战胜自己，而不是战胜他人；更多的是与他人相互合作，而不是相互争斗。我们所说的竞争是合作前提下的竞争，是竞争与合作的对立统一。纵然你获取了万贯财产，可是由于品行问题使得众叛亲离，成了孤家寡人，又哪里有一点儿幸福感可言？成功与幸福始终是相伴而行的。缺乏情感的冷冰式的成功实际上是暂时的，伴随这样的成功而来的，更多的是痛苦，而不是喜悦。

人生在世，谁离开合作也无法生存。因此，我们一方面提倡竞争，另一方面主张合作共赢。我们不能单纯为了个人利益而相互争斗，我们应该为大范围内的共同利益而合作。只有多帮助他人，你才可能得到更多的帮助。

俗话说得好，"投之以桃，报之以李。"今天你帮助了别人，他可能不会马上报答你，但他会记住你的恩情，也许会在你不如意时给你以回报。退一步来说，你帮助了别人，他即使不会报答你的厚爱，但可以肯定的是，他日后至少不会做出对你不利的事情。如果大家都不做不利于你的事情，这不也是一种极大的帮助吗？

举个例子来说，中国人喜欢用筷子做餐具，用过筷子的人都知道，只有将两根独立的筷子放在一起才能夹起你想要吃的东西。这两根筷子也蕴含了一个道理，那就是和他人共赢才会赢得更多。

曾经有一位商人在一团漆黑的路上小心翼翼地走着，心里懊悔自己出门时为什么不带上照明的工具。忽然，前面出现了一点光亮，并渐渐地靠近。灯光照亮了附近的路，商人走起路来也顺畅了一些。等到他走近灯光时，才发现那个提着灯笼走路的人竟然是一位盲人。

商人十分惊奇地说："灯笼对你一点儿用处也没有，你为什么要打灯笼呢？不怕浪费灯油吗？"

盲人听了他的话后，慢条斯理地回答道："我打灯笼并不是为了给自己照路，而是因为我在黑暗中行走，别人往往看不见我，我很容易被人撞倒。而我提着灯笼走路，能让别人看见我。这样，我就不会被撞倒了。"

这位盲人用灯为他人照亮了本是漆黑的路，为他人带来了方便，同时也保护了自己。正如印度谚语所说："帮助你的兄弟划船过河吧！瞧，你自己不也过河了？！"

全球化的发展，使得人们之间的共同利益越来越多，与别人合作共赢，会使自己走向成功的更高层次。共赢是一种卓有远见和雄心的成功心态，也是新世纪新背景下新时代的要求。

由于当代科学技术和社会的发展，对于一个希望获得成功的人来说，已经不仅仅需要个体的努力，而且还需要知识的高度集结作为成功的基石。因此，你越是善于从群体中求知，越是不断地开拓新的求知领域，你就越有益于人与人之间的优势互补，使你的智能结构越完美，越富有应变能力，进而越能够应付变化繁复的社会发展和科学技术的发展。

你要想成为21世纪的高效能人才、未来的成功者，就一定要有共赢之心，这是时代的要求，更应为每一个欲成大事者所共识。

共赢是利己利人的互利合作

有些人认为只要有利可图就为"赢"，手段可以忽略不计，为了能"赢"，千方百计损害他人利益。但这种耗尽人力物力、顾此失彼的赢不叫"赢"，反叫"输"。共赢观念在人脑中的植入，无疑改变了传统思维中那种你死我活的残酷的竞争意识。如今，有些人已深知要以良好的合作、共同获利作为互补共赢的生存主题。

如果我们放开眼界，倡导共赢规则，共同分享利益，我们就会和我们的朋友乃至同行取得共同发展。因此，利益共享不仅是追求幸福的必由之路，同时也是发展的动力之源。就像面对一桌山珍海味，是孤单地独享快乐还是几个朋友一起分享快乐呢？答案是后者。

共赢是人与人或人与自然之间更好的、和谐的共处方式。当然，这不是逃避现实，也不是拒绝竞争，而是以理智的态度求得共同的利益。

诚然，经营自己的事业，需要自力更生，这也是为业之道。但是个体力量与群体力量相比总是小而有限的。如果在自力更生的基础上，有选择地借助外界的力量，形成合力，为我所用，那么竞争实力就会增加，抵抗经营风险的能力也会增加，从而达到你赢我也赢的共赢效果。

"众人拾柴火焰高。你越有本事，所做的事越大，就越需要别人的帮助。虽然这世上有天才，却没有全才，脱离别人是无法生存的。"这是浅显易懂的道理，但也是真理。

社会在变革，时代在前进。进入现代社会之后，每一个员工在企业中的作用已被高度重视——"人是最重要的资源"、"决定性的因素"。

一种共赢的经济思想正在当前的中国兴起，"老店新人开，经营靠人才"，"善用人者胜"。

要想互利合作，就要妥善处理好人与人之间的关系，让人们在共同的信念下，自愿、自觉、互助、互惠，为企业效力、献身。

中国古代的宽厚待人，力求和谐的思想，正可以融入新的共赢哲学体系中，成为其中不可或缺的要素。可以说，我们目前提倡的以人为本、以和为贵、以德为范的人文型的管理以及其中的重要组成部分——用人之道，正是传统文化与现代共赢思想的有机结合。卓越的东方型的共赢方法，用人之道，原本是中国人自己的创造成果，而不是外国引进的全新的东西。

俗话说得好，"家和万事兴"、"人合百业兴"，若能坚持共赢心态，与他人合作，就可以达到双赢的结果。

共赢是具有远见的和谐发展

共赢是具有远见的和谐发展，它不仅利人利己，而且还可以让自己与分享者得到更多的利益，更有利于自己的长远发展。

曾经，荷兰有一位花匠得到了一种非常珍稀的花种。邻居们听说后，纷纷向他询问有关情况。花匠害怕大家都种这样的种子而失去竞争优势，便拒绝回答。邻居们没有办法，只好继续种原来的种子。谁知，到了收获的时候，这位花匠的珍稀植物却没有结籽。于是，花匠去向专家请教。经过专家的分析，查出了植物不结籽的原因：这种植物的花粉很少，必须大规模种植才能有足够的花粉量进行授粉。

于是，花匠改变做法，将这种植物的花种分发给大家。一年后，这个地区的花田里都开出了美丽的花朵，远远望去，就像一片花的海洋。这一年，花匠和邻居们所种的珍稀植物大卖，并且有很多媒体采访花匠，问他的成功经验。

"你为什么将你最好的花种与邻居们分享呢?"记者问道。

"先生,"花匠说,"这种植物的花粉量很少,只我一人来种,是产生不了足够的花粉进行授粉的。而我与邻居分享则解决了这个问题,并且大家都得到了回报。这一片都被这种美丽的花儿所装扮,你不觉得这样更好吗?"

这位花匠原来的单赢思想使自己遭受了失败。后来他改变做法,与别人共享花种,使自己和邻居都享受到美的享受和丰厚的收益。这就是共赢思想所带来的成功。

我们在生活、工作中,是否也存在单赢的片面思想,不肯与别人分享成功呢?

随着社会发展的步伐加快,人类所面临的机遇与挑战也越来越多,越来越复杂。在这种情况下,唯有共赢,人类与自然才能共存共荣,共同发展;唯有共赢,人与人才会互惠互利,利益互享。而在传统的思维过程中,竞争双方为了"赢",投入了大量的人力物力对付对方,这样的结果,常常是两败俱伤。因此,改变传统的"输赢"观念,树立全新的"共赢"观念成为现代社会生存与发展的必备条件。

由此可见,共赢是一种卓有远见的和谐发展,既利人,又利己;既合作,又竞争;既相互比赛,又相互激励……达到的效果和影响远远比单赢要大得多,远得多。

著名学者史蒂芬·柯维曾说:"两个人之间,相互妥协是 1+1=11-2,各自为政是 1+1=1-2,集思广益是 1+1=3。"他说共赢精神可以产生个人以前无法产生的效益,甚至比单个效益的总和还要大。

"世界上没有完美的个人,只有完美的团队。"如果注重合作共赢,众志成城,就会以最小的代价,获取最大的成功!

成功者都明白一个道理:共赢则两利,分裂则两败。这就像一棵树,无论它多么高大、粗壮和挺拔,也成不了一片森林;一块石头,无论它多么大,也成不了一面墙。任何人要有所作为,就必须把自己融入团队之中,与大家齐心协力,这样才能赢得发展。

但凡在事业上成功的人都懂得"1+1 > 2"的道理。成大事者善于合作，因为他们明白两个拳头和一个拳头的力量是不同的，如果他想领导一个企业朝着明确的目标前进，他会建立一支强劲的队伍做后盾。

共赢不能靠命令来维护。人们在合作完成任务时，如果仅仅是因为害怕，或者出于经济上的不安全感，那么，这种合作的很多地方都是不会令人满意的。因为这种做法把合作的精神忽略了，而正是这种精神——是否是心甘情愿的合作态度，对企业的成败有着重要的影响。

你若想在工作中获得更大的成功，就必须唤起别人合作的意愿，使其直接或间接地看到自己的利益。人们都希望得到的是这样的一种评价：承认他们正在做的工作是很有价值的，是值得花时间和精力去做的工作，他们所做的事情，对其人生旅程非常重要。给予他们与其才能相称的、有意义的工作，并且承认和肯定他们迈出的每一步。这就强调了这一事实：要不断地得到合作，就必须让人们做有意义的事情。每一个事业有成的人，在成功的路上，都曾经得到别人的帮助。因此我们应该把帮助别人作为回报，这是公平的游戏规则。

相互之间的合作，会使得预想的成功迈向更高层次。合作的两者之间不仅仅是简单的物理相加，更是二者之间智慧与力量激荡互补所产生的化学变化。

互惠共赢，成就大事业

不断猜忌，祸起萧墙

因猜忌造成的悲剧可以说是举不胜举。从古至今，从宫廷争斗到民间纠纷，猜忌这个罪魁祸首制造了多少血淋淋的故事，它给我们个人、国家和民族带来了难以估计的精神折磨和财富的损失！

我们必须认识到，猜忌是人性的恶之花，如果我们不采取"解毒"的手段，它会使我们陷于水深火热之中，哪里还有精力谋求发展呢？

爱猜疑的人往往目光短浅，很难取得大成就。因为哪怕是一点点猜忌，也可能会失去最珍贵的东西。

有一对双胞胎兄弟，他们感情非常好，总是形影不离。兄弟俩长大后，都留在父亲经营的修车场帮忙，直到父亲过世，兄弟俩接手共同经营这家修车场。

两兄弟一直都很和睦，直到有一天，因为1美元，他们的关系发生了变化。哥哥将1美元放在桌上，后与顾客外出办事，当他回到修车场里时，突然发现桌上的钱不见了！

他问弟弟："你有没有看到收银机里面的1美元？"

弟弟回答："我没有看到。"

但是哥哥不相信弟弟的话，而是咄咄逼人地追问，不肯罢休。

"钱不会长了腿跑掉的，我认为你一定看见了钱。"哥哥语气中隐约地带有强烈的质疑意味，这种不信任的口气也激怒了弟弟，两人二十几年的深厚情谊就这样出现了隔阂。

几天后，兄弟俩分了家，并在停车场中间砌了一道墙。

20年过去了，猜忌和敌视的裂痕与日俱增，这样的气氛也感染了双方的家庭以及整个社区。

有一天，一位开着外地车牌汽车的阔绰男子在哥哥的修车场门口停下了。

他走进修车场，问："你在这个修车场里工作多久了？"哥哥回答说他这辈子都在这个修车场里工作。

这位客人十分内疚地对哥哥说："我必须要告诉你一件往事，20年前我还是个不务正业的流浪汉，一天流浪到你们这个镇上，当时我已经好几天没有吃东西了，我就偷偷地从店的后门溜了进来，并且拿走了桌上的1美元。虽然时过境迁，但我对这件事情一直无法忘怀。1美元虽然是个小数目，但是我深受良心的谴责，我必须回到这里来请求你的原谅。"

当客人说完事情的原委后，他惊讶地发现店主已经热泪盈眶。店主用哽咽的音调请求他："能否到隔壁修车场将故事再说一次呢？"当这位陌生男子到隔壁说完故事以后，他惊愕地看到两位面貌相像的中年男子，在他的车前痛哭失声、相拥而泣。

怨恨和痛苦在20年后终于烟消云散，兄弟之间存在的对立也因此消失。可是谁又知道，20年猜忌的萌生，竟是缘于区区1美元的"不翼而飞"。

要学会客观辩证地看待他人，用事实来消除成见、驱除猜疑的自我暗示。

在与别人沟通合作时要开诚布公，同时要宽以待人，信任他人，这样才会消除隔阂、疑惑，增进友情和信任感。

和他人共赢会赢得更多

历史上最特殊的一次奥运会是1936年的柏林奥运会。当年正是法西斯势力猖狂的年代，希特勒想借奥运会表明雅利安人种的优越性。

在纳粹一再叫嚣把黑人赶出奥运会的声浪下，当时田径赛的最佳选手是美国的杰西·欧文斯。欧文斯鼓足勇气报名参加此次运动会的 100 米跑、200 米跑、4×100 米接力和跳远比赛。在这 4 个项目中，德国只在跳远项目上有一位选手可与欧文斯抗衡，他就是鲁兹·朗。希特勒为此十分重视，并亲自接见鲁兹·朗，要他一定击败欧文斯——黑种人的欧文斯。

为了给德国运动员打气，跳远预赛那天，希特勒亲临观战。鲁兹·朗顺利进入决赛。轮到欧文斯上场了，由于受到场外反对声浪的影响，他第一次试跳便踏线犯规；第二次他为了保险起见在离起跳板很远的地方便起跳了，结果成绩非常糟糕；还有最后一跳，欧文斯一次次起跑，一次次迟疑，不敢完成最后的一跳。

希特勒认为这个低劣的黑种人已经没有任何机会了，于是他便退场了。在希特勒退场的同时，鲁兹·朗走近欧文斯，用结结巴巴的英语对欧文斯说，他去年也曾遇到同样的情形，他用了一个小窍门就把问题解决了：把毛巾放在起跳板后数英寸处，起跳时注意那个毛巾就不会有太大的误差了。欧文斯照做了，结果差点破了奥运会纪录。

决赛中，欧文斯以微弱优势战胜了鲁兹·朗，但他们都破了世界纪录。贵宾席上的希特勒脸色铁青，看台上本来狂热傲慢的德国观众也变得情绪低落。这时鲁兹·朗拉住欧文斯的手，一起来到聚集了 12 万德国人的看台前，他将欧文斯的手高高举起，高声喊道："杰西·欧文斯！杰西·欧文斯……"看台上先是一阵沉默，然后突然爆发出齐声的呼喊："杰西·欧文斯！杰西·欧文斯……"欧文斯举起另一只手来答谢。等观众安静下来以后，欧文斯举起鲁兹·朗的手，竭尽全力喊道："鲁兹·朗！鲁兹·朗……"全场观众也同时响应："鲁兹·朗！鲁兹·朗……"所有在场的人都被这种奥林匹克精神所征服，没有了种族歧视，这个赛场上，两人都赢得了自己的比赛，并且赢得了更多。

杰西·欧文斯创造的世界纪录保持了 24 年。他在那届奥运会上荣获了自己所参加的全部项目的 4 枚金牌，被誉为世界上最伟大的运动员之一。多年后，杰西·欧文斯在回忆录中真诚地说，他所创的世界纪录终究会被打破，但鲁兹·朗高高举起他的手的那一幕却会永远被历史牢记。

杰西·欧文斯和鲁兹·朗两人同样在奥林匹克历史上光彩照人。所不同的是，杰西·欧文斯的荣誉来自于运动场内，是对他展示人类征服自然的能力的褒奖；而鲁兹·朗的荣誉则来自于运动场外，是对他展示人类心灵之美的褒奖。

很多人对于输赢的看法都是绝对化的，非此即彼，赢便是代表其他所有人都得输。运动场上非赢即输的角逐、学习成绩的排列向我们灌输"永争第一名"的思维方式，于是我们便只通过这副非赢即输的眼镜看人生，不能唤醒内在的醒悟，只为了争一口气，一辈子拼个你死我活，却从来不曾想到通过合作的手段让彼此得到更大的利益。

世界上的事物都是彼此互相联系的，我们谁也不可能孤立存在，不可能一个人做完所有的事。比如说，人们常因完善自己而造就别人，又因别人的造就而改变自己。在这种改变中，你如果不让别人赢，可能你也会输掉自己。

我们应当看到，"赢"的真正意义是实现目标，而不是两个对立的双方争个你死我活，分出曲直高低。所以若用合作代替竞争，便能在有效的时间或较短的时间里达到目标，甚至会有意想不到的收获。

共赢可以互惠互利，取长补短

"尺有所短，寸有所长。"每个人在事业的发展上都不是孤立的，你总是要和外界接触，总是需要他们为你的事业铺平道路。如果能取人之长，补己之短，就会在自己身上产生一股"合力"的作用，而这种合力更能推动你由弱而强、由小而大，这是成功者的共同特征。

在一般人看来，短就是短；但在有远见卓识的人看来，短有时也是长。清代思想家魏源讲过这样一段话："不知人之短，又不知人之长，不知人长中之短，不知人短中之长，则不可以用人。"如果大才、小才、奇才、怪才、庸才以及不才都能被我们用"见长之术"研究一番，那么，会有多少千里马奔腾在各行各业之中？会有多少平庸马练成千里马？观念一变，到处都会充满生机。

有这样一个故事：一家人有五个儿子，但是五个儿子"各有千秋"，长子质朴，次子聪明，三子目盲，四子驼背，五子跛脚。如果按照常理看，这家人的日子一定过得相当艰辛。可是出人意料的是，这家人的日子却过得挺顺当。有个好奇的人一打听，才知道这家的五个儿子各有安排：质朴的老大务农，聪明的老二经商，目盲的老三按摩，背驼的老四搓绳，跛足的老五纺线。这一家人各展其"长"，日子过得能不顺当吗？

试想，如果这家人仅仅考虑5个儿子的"不足之处"，生活一定破落难堪。但是他们转换了一种思维角度，扬长避短，这么一来，全家就无一闲人了。

每个人都有自己的长处，同时也有自己的不足，这就要与人合作，用他人之长补己之短，培养合作的精神。

人总会有很多差别，正是这些不同，决定了每个人所能从事的工作的不同。要想有所作为，首先要清楚自己的性格和能力，然后选定一个适合自己的工作。在与人合作时，也应注意分析他人的性格特点，尽可能使每个人都能找到适合于自己的工作。

人们最好能从事与自己个性相契合的工作，这样就一定会全心全意地做好这项工作。世界上最大的悲剧，也是最大的浪费就是：大多数人从事不适合其个性的工作。如今，人们的选择余地越来越大，好多人却仍然只是选择或从事最为有利可图的事业或工作，根本没有去考虑自己的个性和能力。社会为人们提供了便利的条件和宽松的发展环境，你可以自由择业，你一定要把握好机会，这样你才不会在年老回首往事时感到遗憾。

只有充分发挥自身优势，并利用他人的优势来弥补自己不足的人，才会在今天的社会中取得伟大的成就。

培养共赢心态，学会牵手合作

用"沟通"抹去"隔阂"

一个不善沟通的人很难有良好的人际关系，更不用说与别人合作，达到共赢，拥有成功的事业了。从某一层面上来说，一个人沟通所能达到的程度决定了他事业的高度。

我们每个人都是一个独立的个体，每个人都有不同的观念、不同的文化背景、不同的价值观。但在社会这个群体中，个体便会聚集起来。一个人要把自己的想法向别人表达清楚，需要沟通；一个人要从别人那里得到想要的东西，也需要沟通。

人和人之间存在着差异，就必然会有隔阂。如果想要消除它，沟通是必不可少的。要拥有良好的沟通品质和沟通效果，应遵循以下几个原则：

多谈对方感兴趣的话题。

多谈对方熟悉的事情。

多谈对对方有利有益的事情。

多用推崇、赞美的语言。

多听少说。80%用于听，20%用于说。

多问少说。80%用于问，20%用于说。

多谈轻松的话题。

我们可以看出，在沟通中，学会倾听是至关重要的。值得注意的是：不同的倾听会产生不同的结果。

完全不用心的倾听：这种人心不在焉，只沉迷于自己的内心世界，这样就会产生很深的隔阂，甚至无法抹去。

假装在倾听：这种人好像是在用身体语言倾听，有时还会复述别人的话来做出回应，但实际上并未有实质上的沟通。

选择性的倾听：这种人只沉迷于自己感兴趣的话题和自己关心的事情，虽然有所沟通，但却容易产生误解。

刻意的倾听：这种人全心全意地凝神倾听，可惜他始终从自己的角度出发，看似沟通，但却从己方想对方，隔阂没有完全消除。

同理心倾听：站在对方角度倾听，实现了与人的同步理解沟通。

沟通并无好坏之分，唯有去考虑其优点和缺点，才能解决问题。

想要拥有同理心，同步是第一步。在实际的沟通中，彼此认同既是一种可以直达心灵的沟通技巧，又是沟通的动机之一。这样，在认同这个态度上，外在技巧和内在动机就结合得比较完美。认同经由同步而来，沟通关系都是从同步开始跨出第一步的。并且，认同的目的几乎就是达到同步，这就形成了一个奇妙的过程：同步——认同——同步。

作为沟通的第一步，同步指的是沟通双方彼此经过协调后所形成的、有意要达到同样目标时所采取的相互呼应、步调一致的态度。它意味着沟通在经过彼此的默许和暗示之后正走在通向成功的路上。

只有当沟通双方站在对方的立场上看问题时，同步才会开始。首先，彼此都寻找到共同点。各种共同点综合起来，沟通的可行性就大了。所以说，要沟通就得寻求同步。

如此看来，如果想与人很好的沟通，就要做到同理心倾听。这样做，就能够实现真正的沟通，使合作无阻碍，为共赢铺平道路。在对与人倾听的几种层次加以区分之后，你就可能通过观察判断，采取相应的配合措施，从而达到与他人有同感。有了同感就可以更加顺畅地沟通。这其中相当重要的是投其所好。站在对方的角度，发现对方的兴趣立场，才能"知己知彼，百战不殆"。

无论是在哪种场合下与人沟通，总是可以通过很多渠道了解到对方的喜好。对他人喜好之物表示感兴趣，可以顺利地找到沟通的共同点。

要做好投其所好并不容易，这个问题不适合主动挑起，更多的是要暗示，因为不经意和他人的兴趣爱好相一致，会更令他人兴奋。如果主动挑起话题，往往达不到效果。比如对待一个书法家，你要是主动去和他大谈书法，他可能会很厌烦，因为这方面他是专家，你所说的在他看来一句都没说到点子上。如果你无意中表示出兴趣来，让他来谈论，你们的沟通就会很迅速地达到融洽。不经意地表达出和别人一样的兴趣爱好，会让别人主动趋近你。

寻找对方的兴趣点，达到知己知彼，沟通才能够畅通无阻，使合作无间，携手共赢，走向成功之路。

不要用个性的"刺"孤立自己

在NBA的历史中，曾有一位特别的球星罗德曼，他的职业生涯被自己的"个性"毁掉了。罗德曼先后效力过5支球队——底特律活塞队、圣安东尼奥马刺队、芝加哥公牛队、洛杉矶湖人队和达拉斯小牛队。罗德曼除了在湖人队和小牛队是混饭吃之外，在前3支球队，他都是有足够的能力"不辱使命"的。

1986～1993年，罗德曼在底特律活塞队度过了7个赛季：在兰比尔等人的教导下，他虽然打球手段不够光彩，并且为自己赢得了"坏孩子"的称号，但他却是在尽最大的能力为球队做贡献。"……我对当年的底特律活塞队还是抱着特别的感情。我们拥有一切，对我而言，那支队伍相当特别，因为那是我崛起的地方，也是我学习如何参与比赛的地方。"罗德曼曾这样感慨地回忆道。所以，底特律活塞队时期的罗德曼，是球队团结稳定、积极向上的一个因素。然而，当1993年罗德曼效力马刺队的时候，事情却发生了改变：他的特立独行、唯我独尊让马刺队吃尽了苦头。

他把3种人看成自己的敌人：首先是戴维·斯特恩——NBA的总裁。因为斯特恩要维护NBA的形象，不允许罗德曼为所欲为，对罗德曼的很多行为都给予了处罚。这让罗德曼很不适应，他认为斯特恩干涉了自己的自由，所以他就要和斯特恩对着干；第二种人是马刺队当时的主教练希尔以及球队总经理波波维奇。因为，他们希望驯服罗德曼，使罗德曼听从指挥，在球场上发挥更大的作用。但当时的罗德曼已经获得了两个总冠军，自视清高，他甚至希望教练听从他的指挥，这种矛盾便不可调和了；第三种人是戴维·罗宾逊等球员。罗宾逊是马刺队的绝对核心和精神领袖，薪金比罗德曼高很多。但罗德曼认为罗宾逊高薪低能，在关键比赛中总会"脱线"，而自己这种能"左右"比赛胜负的选手却不受重用，挣的钱与实力不成正比。但事实却是罗德曼无论在活塞队，还是在马刺队，即使在公牛队，他挣的钱都不与他的名声成正比。

由于这种个性，罗德曼成为球队中的不稳定分子，或者说是一个破坏者。在1994～1995年赛季季后赛的第二轮比赛中，马刺队对阵湖人队。第三场比赛中，罗德曼在第二节被换下场，当时他很不满，在场边脱掉球鞋，躺在记者席旁边的球场底线前……暂停的时候，罗德曼也不站起来，不到教练面前听战术……后来，马刺队输掉了那场比赛。当时，摄像机一直对着罗德曼，这场比赛让马刺队的管理层大为恼怒，结合到罗德曼平时的所作所为，他们认为罗德曼已经影响到了球队的团结，于是决定对罗德曼禁赛。在没有了罗德曼的马刺队，队员团结一致，在后来的比赛中打败了湖人，报了一箭之仇。

从结果来看，马刺队对罗德曼禁赛的决策是正确的。

但是由于马刺高层对罗德曼还抱有幻想，没有真正认识到他的破坏力，在西区决赛中，又重新起用罗德曼。但此时的罗德曼已经对禁赛怀恨在心，根本不可能全心全力地为球队做贡献了。

决赛前，球队有3天的备战调整时间，但罗德曼却在那3天的空当里到拉斯加加斯赌博去了。后来经过百般劝说，他回到球队，但在比赛中，他却不听主教练的战术安排，独断独行；在球队失利后，他还在休息室里对所有人大肆咆哮……结果，火箭队获得了最终的胜利，并获得了那个赛季的总冠军。

鉴于罗德曼的种种恶习，马刺高层对他彻底失望了。赛季结束后，他们便将罗德曼扫地出门……

罗德曼的个性养成有一定的客观原因，童年的不幸使得他的性格叛逆、行为乖张。但更主要的是主观上的自我为中心，不是自己适应球队，而是要球队适应他。

罗德曼用个性的"刺"把自己和团队隔离开，造成的结果是两看相厌的双输。归根到底，这种所谓的"个性"其实是一种自私的"以自我为中心"。

过多以自我为中心的人，想问题和做事情都从"我"出发，希望别人都围着他转，不能设身处地地站在别人的立场上考虑问题。这种人往往有好处就上，有困难就让，有错误就推，有功劳就抢，总认为自己永远正确；在与人交往中自私自利、患得患失，不懂得关心和尊重别人，有时甚至会伤害别人；还可能表现为对人冷漠，甚至敌对。这种心态和行为会严重阻碍与别人的顺畅交往，不可能赢得他人的好感和信任。

以自我为中心的人片面强调"自我需求"，追求狭隘的"自我实现"；只强调享有的权利，而不考虑自己的社会责任。他往往会陷入以自我为中心的漩涡，在考虑个人利益的时候，把自己的社会责任置之度外。

现实生活中，以自我为中心的人并不少见。例如，有的人在图书馆里随心所欲，自己想听音乐就大声播放，不管他人是在休息还是学习，而自己想睡觉时又要求别人安静；有的人对别人的东西一点儿也不爱惜，而对自己的东西十分珍惜，很少借给别人；有的人总爱指责别人如何如何，却很少把目光投向自己，进行自我检讨；有的人视父母的关爱为理所当然，却很少能够站在父母的立场上来为他们着想，只知获取，不知奉献；有的人劳动中拈轻怕重，挑肥拣瘦，如此等等。这种心理，对自己的发展极为不利，最终会给自身带来严重的伤害。

相信你的"战友"

如果你相信别人，别人也会相信你。你以什么样的态度或方式对待别人，别人也会以什么样的态度或方式来对待你。

信任是合作的基础，而相互合作的人们就像战场上同一沟壑的战友，你要相信你的"战友"。德里斯·科尔曾说过："人们对服务机构的满意程度可以从他们的信赖度充分显示出来。"

你和你信赖的人共事吗？他们是否同样也信任你呢？这两个问题的答案可以充分显示你所在工作环境的品质。

爱德华兹·戴明曾说过："要是没有信赖感，人与人之间或是团队与团队、部门与部门之间就没有合作的基石。""没有信赖的基础，每个人都会试图保护自己眼前的利益；但是这么做却会对长期的利益造成损害，并且会对整个体系造成伤害。"无以计数的企业曾经在爱德华兹·戴明的建议协助之下，让公司的表现达到最高的境界。爱德华兹·戴明的经验显示出，信赖对于品质、创新、服务和生产力的重要性在全世界都是同样适用的。

信赖是人与人之间最高贵、最重要的情谊，人们最值得骄傲的就是自己可以得到别人的信任，自己的所作所为能够无愧于心，并与人坦诚地沟通互信。学习去信任我们的"战友"，同时也学习让自己成为值得信任的人。

有这样一则故事，讲的就是信赖带给人的成功。

艾伦决定要沿着钢丝走过尼亚加拉瀑布。他知道，走钢丝的关键是训练。于是他在后院建起了一个临时场地进行练习。开始时他把钢丝调到离地18英寸（1英寸＝2.54厘米），并开始进行前后平衡练习。渐渐地，他把钢丝的高度不断加高直到离地35英尺（1英尺＝0.3048米）。然后，在练习中他再增加椅子、独轮车和自行车。很快，他的事就传了出去，并上了报纸。有些人开始对他能否完成这一奇迹的能力进行打赌。

一天，他的一个朋友对他说："你知道，我相信你一定能够成功。"

艾伦问："为什么你会这样想？"

"从你开始的那天起，我差不多每天都在观察你，你很棒！事实上，你聪明极了，我相信你能走过尼亚加拉瀑布。我相信你的能力。"

艾伦受到了鼓舞。"真的吗？"他非常高兴地问。"当然是真的，你已经准备好了。"朋友肯定地说。

"太好了，我今天做出了同样的决定。实际上，我正在安排在尼亚加拉瀑布上面拉起绳子。明天是一个大好的日子，既然你相信我的能力，我带一辆独轮车上去，请你坐进去，然后我带你过去。"

朋友欣然答应，并说："我相信你，就会支持你，我不仅用心支持你，而且还会用行动来支持你。"

艾伦原只是随意说说，他认定这位朋友不敢坐上独轮车，和他一起来走钢丝，和他一起冒险，哪想他会答应，他心里非常高兴。他说："谢谢你对我的信任，我要积极做一个值得你信任的人。"

最后，艾伦带着朋友成功地走过了尼亚加拉瀑布。他成功之后获得了很多荣耀和赞誉。这位朋友也因此得到了人们的赞扬和敬重。

朋友之间的相互信赖是能够共同合作走向共赢的基石。在合作中，众志成城，把共同的奋斗当作一场战斗，你的伙伴，将是给予你帮助的最好"战友"。

与人牵手，快乐合作

现代社会是一个充满竞争的社会。"物竞天择，适者生存"，可以说，竞争是无处不有、无时不在的。竞争者与合作者作为竞争与合作的主体及对象，与竞争合作相伴而生、相伴而灭。

合作与竞争看似水火不相容。其实不然，合作与竞争有许多相通的地方。合作与竞争，可以说伴随着人类社会的出现而出现。随着时间的推移和社会的进步，合作与竞争不仅没有削弱、消亡，相反，合作与竞争的联系在增强。而且，随着人类生存空间的不断拓展，交往范围的不断扩大，人与自然斗争的不断深化，科技的不断发展，合作与竞争的联系也在日益加强。在知识经济时代中，高科技的发展水平和发展速度已经超出了人们的想象，通讯、交通等的发展使人们之间的沟通与交流变得空前便捷。不论是国与国之间、组织与组织之间，抑或是人与人之间，竞争与合作已经成为不可逆转的大趋势。在这样的一个时代里，进行交流与合作的成本大幅度降低，而效率则大幅度提高。实际上，封闭的个人和孤立的企业所能够成就的"大业"将不复存在，合作与团队精神将变得空前重要。缺乏合作精神的人不可能成就事业，更不可能成为知识经济时代的强者。人们只有承认个人智能的局限性，懂得自我封闭的危害性，明确合作精神的重要性，才能有效地以合作伙伴的优势来弥补自身的缺陷，增强自身的力量，才能更好地应对知识经济时代的各种挑战。

与人"牵手"才能快乐合作。若想成大事，必须学会"牵手"。一方面可以弥补自己的不足，另一方面可以形成一股合力。团结才有力量，只有与人合作，才会众志成城，战胜一切困难，产生巨大的前进动力。因此说合作是生存的保障实不为过。

没有合作就如一盘散沙，没有太大的作用。但是如果建筑工人把沙子掺在水泥中，就能成为建造高楼大厦的水泥板和水泥墩柱。如果化工厂的工人把沙子凝结冷却，就会变成晶莹透明的玻璃。单个人犹如沙粒，只要与人合作，就会起到意想不到的变化，变成有用之才。要共赢，就要学会与人合作，只有这样，才会使自己的事业向前发展。

关于"牵手"合作，有这样一则故事：

从前，有两个饥饿的人得到了一位长者的恩赐：一根鱼竿和一篓鲜活硕大的鱼。其中，一个人要了一篓鱼，另一个要了一根鱼竿。然后，他们分道扬镳了。

得到鱼的人没走多远就搭起篝火煮起了鱼，他狼吞虎咽，还没有品出鲜鱼的肉香，连鱼带汤就被他吃了个精光。不久，他便饿死在空空的鱼篓旁。另一个人则提着鱼竿继续忍饥挨饿，一步步艰难地向海边走去。当他看到不远处那蔚蓝色的海时，他连最后一点力气也用完了，他带着无尽的遗憾撒手人寰。

又有两个饥饿的人，他们同样得到了长者恩赐的一根鱼竿和一篓鱼。他们并没有各奔东西，而是商定共同去找寻大海。他们每次只煮一条鱼吃。经过遥远的跋涉，他们来到了海边。从此，两人开始了捕鱼为生的日子。几年后，他们盖起了房子，有了各自的家庭、子女，有了自己建造的渔船，过上了幸福安康的生活。

无论是"鱼"还是"渔"，都只是解决饥饿的一方面，只有将两者拼合起来，才能达到应有的效果。前两个人不懂这个道理，结果被饿死了。

我们若想成功，就要学习后两个人的合作精神。

如果你有着成大事的抱负，就要处理好与他人的关系，要学会与人"牵手"。

由于生活经历、生活环境、学识、修养的不同，每个人都具有独特的思维模式、性格、爱好。如果你觉得与人相处很困难，那么，以下的意见能使你获得启示。

首先，学会真诚地赞美别人。

其次，与人相处时学会随和幽默，开些无伤大雅的玩笑无疑是增进人与人之间情感的良方。

最后，不要做令人讨厌的"长舌妇"、"长舌公"。

无论你跟谁"牵手"，要想业绩辉煌，首要条件是学会与对方合作。要达到此目的，你不妨先向他提出善意的想法。跟对方好好分工合作，处处采取客观的态度，不分彼此地合作，才能够达到默契，共享来之不易的成果！

学会分享，微笑竞争

一个人学会与别人共享自己的力量，自己的力量才能得到最充分地发挥。

成功必须从理想开始，而理想是通过行动来实现的。成功的开始，就在于我们独处时的所思所为，而真正成功的奉献则会凌驾于自私之上。圆通成熟的个性，不可避免地会在对服务人群的献身上表现出来，它开始时可能是一种内在的精神较量，继而向外寻求更广泛的支持和谅解。成功并不是我们独自拥有的，也不是行为的本身，它是用来判定我们自身价值的东西。

成功最终必然会影响到他人和我们自己的生活。

当一个人能公开地承认并非自己能独立获得这些成就所以不能独享荣耀时，一种完美和谐的感觉会在其内心和人际关系中逐渐浮现。相互的感激与温暖的友谊使彼此不但共享成功的果实，且借由相互鼓励而不断地成长。

足球守门员知道球队的胜利不是他一个人的功劳，因为他知道队友在球场拼搏的重要性。因为有了队友的配合，球才不会轻易地被对方抢走，球队才可能取得好成绩。那些清楚这个事实，并能公开、大方地赞美队友的人是值得嘉许的，因为在他们身上具有令人赞赏的风度及雅量。

每位企业领导者都知道，企业的成功是全体员工一起努力的结果。大方地赞许这件事吧！感谢那些每天勤奋工作的人，为他们喝彩，称赞那些为这个团体而努力工作的人，因为嘉许员工，和他们分享成功，公司将会得到更多。

可见，要想获得成功，就要学会与人分享。即使在竞争中，也是如此。

"物竞天择，适者生存"，这是竞争的本质和普遍规律，也是自然界、人类社会得以前进的动力所在。竞争是与人争利，合作则是与人共利。看似矛盾的两者其实相生相克、互为补充。

如今的成功，不再是孤立的含义，在全球化的浪潮中，共赢成为主流，而如果想要与人共赢，就必须与人分享，在分享中微笑竞争。

第六章

老板心态：
打开成功的钥匙

解读老板心态

老板心态源于对事业的企图心

企图心是一种强烈的欲望和决心。"我想要"和"我一定要"显然不是一个意思。要想成就一番大事业就要有强烈的企图心，强烈渴望自己成功，只要你下定决心，你就会为这个决心而拼搏，为这个决心而全力以赴。企图心也是一种对成功的"野心"和燃烧的渴望。

在这个世界上有些事物是无法以数目计算、测量的——比如企图心。一个人的智商可以测量，速度可以测量，一座楼的高度可以测量；但追逐事业巅峰的企图心却无法测量。

企图心在欲望的驱动下可以给人带来不竭的精神动力。企图心带给人的无尽动力，会把人带向成功。只要你执着于你的欲望，只要你懂得并且相信自己有能力实现，就一定能够获得成功。

正是企图心驱使拿破仑挥舞起军刀，将自己的视线盯在了欧洲大陆的版图上；使爱迪生从一名火车上的小报童成为20世纪的发明奇才；使40岁还是一个穷机械师的亨利·福特在60岁时打造了自己的汽车王国；使连大学都没有毕业的比尔·盖茨坐在了世界首富的宝座上。

欲望不仅仅是动力，还是人生的方向盘，它总是不断地告诉你——你应该马上去做你想做的，拥有你想拥有的，成就你想成就的——而且你心里也认为它是对的。

假如在成功的征途上你不断地失败，受到挫折，假如你已被生活的磨难折磨得没有了力气、麻木了的时候，记住，没有不能跨越的障碍，没有走不出的绝境。

对事业的强烈企图心，会将你带出困境，积极面对未来的挑战。虽然我们习惯于将成功归功于坚强的意志，但实际上应归功于我们称之为意图的意志，而这个意图也就是欲望。当一个人强烈地渴望某个事物时，他便会求助于意志和智慧的潜在力量，这些力量在欲望的推动和刺激下会表现出不同寻常的力量，以实现欲望。企图心带来力量，激发对事业的企图心，并且指引你该怎样去做才能实现这种企图心。

著名企业家史蒂夫·乔布斯以 1300 美元起家，在不到 5 年的时间里，推出的苹果个人电脑席卷了全球。到 1980 年，年仅 25 岁的他已拥有数亿美元的个人资产，成了有史以来最年轻的亿万富翁。

他被时任美国总统称赞为"美国人心目中的英雄"。有人问他成功的秘诀是什么。他说："我没有什么秘诀，我只是强烈要求自己去做自己想做的事情。"

不论做什么事情都应该有强烈的欲望去激发你的企图心，成功最大的敌人是没有欲望和目标。在沼泽和泥潭中，谁会有成功的感觉呢？可是一旦有了目标，我们就有了能量和活力，充满了想象和欲望，这些动力驱使我们向"某个方向"前进。不过在这条道路上既有兴高采烈，也有灰心绝望，每到这一刻，我们就应告诫自己：不要迷失了方向。

美国心理学家威廉·孟宁格尔向我们阐释了企图心的作用：每个人都应该知道自己要往哪里去，该怎么走，随波逐流当然再容易不过，但要想成就一番事业绝不能随波逐流。有的人学习知识是为了家族荣耀，有的人学习知识是为了工资回报，他们没有自己的目标，一旦遇到挫折，就立刻收拾残局，打道回府。而那些知道自己"要去哪儿"的人，在前进的路上不论遇到什么困难，他们都能努力克服、灵活应对，向着目标前进。

很多人都感到不解，到底迈克·乔丹拼命不懈的动力来源于何处？原来是他上高一时一次在篮球场上的挫败，激起他不断地向更高的目标挑战的决心。就在这个目标的推动下，"飞人"乔丹一步步成为全州、全美国大学，乃至于NBA职业篮球历史上的传奇人物，他神话般的改写了篮球比赛的纪录。

当你问起乔丹，是什么因素造成他不同于其他职业篮球运动员的表现而能多次赢得个人或球队的胜利？是天分吗？是球技吗？抑或是策略？他会告诉你："NBA里有不少有天分的球员，我也可以算是其中之一，可是造成我跟其他球员截然不同的原因是，你绝不可能在NBA里再找到像我这么拼命的人。我只要第一，不要第二。"

"三百六十行，行行出状元。"不管你身在何位、从事何职，都要努力成为自己所在岗位中出类拔萃的人。

记住：目标＋行动＋企图心＝成功。

为自己打工的企业家精神

我们想要了解什么是企业家精神，就必须了解它的本质。企业家精神的本质特征主要是创新、冒险、预见性和竞争性进攻。这是米勒在1983年为企业家精神下的定义，是现在被人们所普遍认同的一种说法。

"企业家"一词最早是由法国经济学家萨伊提出的，在1800年他曾说过："企业家将经济资源从生产力和产出较低的领域转移到较高的领域。"在英语中，Entrepreneur即企业家，意为创建企业并担任经营管理职责的指挥者。

马歇尔和熊比特是企业家理论的创建者。他们的共同特点是高度评价企业家在商品经济发展中的重要地位以及社会贡献。马歇尔在其著名的《经济学原理》中系统地论述了企业家的作用。马歇尔认为，企业家是不同于一般职业阶层的特殊阶层，他们的特殊性是敢于冒险并能够承担风险。

熊比特认为，所谓资本主义的固有发展，不是对外部变化的适应过程，而是这种经济体系内部改变的适应过程，而推动这一过程的正是企业家的革新行为。企业家是支持、创造资本主义经济发展的主体。他提出了企业家是进行"创造性破坏"的创新者的观点。经济学家韦伯斯特曾说过："企业家是一个经营冒险事业的组织者，特别是组织、拥有、管理并承担这一事业全部风险的人。""企业家才能"是新古典经济学"生产四要素"之一。它对其他 3 个要素（劳动、资本和土地）进行"组织"，在由这 4 个要素构成的生产函数中，企业家才能被归入人力资本，是符合某种概率分布的、稀缺程度很高的生产要素。

米勒把企业家精神定义为冒险、预见性和剧烈的产品创新活动。如个体企业家精神主要是创业精神；内企业家精神主要是内部创新活动；公司企业家精神的本质特征主要是自治、创新、冒险、预见性和竞争性进攻；社会企业家精神主要肩负社会使命，创造和维护社会价值、识别和不断追求能够服务于自身社会使命的机会、进行持续创新、不断适应和学习、行动并不为当前所掌握资源的限制、体现为对所服务人群或社区以及资源提供者高度负责的态度。

企业家精神并非只局限于企业家，任何一个想要成功的人，都应该具备这种精神。

"精神"所包含的要义不在于"怎么做、做什么"，而在于"为什么去做"，也就是说，精神主要解决的是原动力的问题。在这种原动力的引领之下，企业家带领企业团队进行战略规划、业务开拓、市场发展，等等。所以，企业家精神中最重要的要素是：开创精神、冒险精神、拼搏精神和牺牲精神。开创精神领导大家开拓新的市场、拓展新的业务领域、迈向新的发展层面；冒险精神领导大家挑战新困难、迎接新机遇；拼搏精神，和大家一起不屈不挠、废寝忘食地进行调查研究、讨论分析，寻找企业发展的新机遇；牺牲精神，在有效领导的基础上为人才提供发展空间，为企业的未来探寻良方……

作为企业中的一员，员工要具备企业家的精神。

1. 勤奋

其实创业的过程本身就是一部勤奋的历史。无论是创业的领导者还是追随者，在创业史中都扮演着勤奋努力、不屈不挠的角色。在相对稳定的企业发展中，更是要用勤奋的精神激励自己和同人。只有拥有勤奋精神，在工作中才会时刻努力、任劳任怨、用心思、想办法，不断地提高工作水平，从工作中获得享受，并把勤奋视为自己的品质。

2. 忠诚

作为企业的一员，忠诚是一种品质，更是一种精神。这种精神会让企业的员工认为企业是自己的企业，视工作为自己的本分，不会因为工作中的困难而推卸责任，不会因为障碍而背离企业。

3. 互助

这是一种朴素的精神，也是中华民族的传统美德。要有意识地培养互助精神，让团结的气氛、共进的场面成为企业的平常景象。

4. 追求

当代人迫于生活的压力往往忘记了或者放弃了追求。没有追求就没有思想、没有思想就没有思路、没有思路就没有效率。所以，在实际的工作中要不断地灌输不可放弃追求的信念，把追求作为一种精神，一直延续下去。

注重工作质量的责任心

在这个世界上，每个人都有自己必须承担的责任，这份责任能让你更好地拥抱成功。不要害怕承担责任，要下定决心，你一定可以承担任何正常职业生涯中的责任，你一定可以比其他人完成得更出色。在需要你承担重大责任的时候，你应该立刻就去承担它，这就是责任心。如果不习惯这样去做，即使等到条件成熟了以后，你也不可能承担起重大的责任，你也不可能做好任何重要的事情。

对工作、对家庭、对亲人、对朋友，我们都有一定的责任，这是我们对享受他们给予的一种回报。关于责任心，巴顿将军的名言是："自以为了不起的人一文不值。遇到这种军官，我会马上调换他的职务。每个人都必须心甘情愿为完成任务而献身。""一个人一旦自以为了不起，就会想着远离前线作战。这种人是地道的胆小鬼。"在作战中每个人都应付出，要到最需要你的地方去，做你必须做的事，而不能忘记自己的责任。这是巴顿将军反复强调的。

切忌只想毫无责任地享受别人和社会给你带来的权利，而忘却自己应承担的那份责任。

　　有一个替人割草打工的男孩打电话给布朗太太说："您需不需要割草工？"

　　布朗太太回答说："不需要了，我已经有了割草工。"

　　男孩又说："我会帮您拔掉草丛中的杂草。"

　　布朗太太回答："我的割草工已经做过了。"

　　男孩又说："我会帮您把所有的草割齐。"

　　布朗太太说："我请的那个人也做过了。谢谢你，我不需要新的割草工人。"

　　男孩挂断了电话。此时，男孩的室友问他："你不就是在布朗太太那里割草打工吗？为什么还要打这个电话？"

　　男孩说："我只是想知道我究竟做得好不好！"

　　在很多人眼里，男孩也许是多此一举。但是，这是他的责任心的驱使。男孩认为在做完工作后任务并没有完成，他还想知道别人对自己工作的评价，以便改进。现实中，人们所缺少的正是这"多此一举"的责任心。

　　所以，我们要将责任根植于内心，让它成为我们脑海中一种强烈的意识。在日常生活和工作中，这种责任意识会让我们表现得更加卓越。责任心不仅是表现在言语表达上，更主要的是表现在工作行动中。如果没有责任心，你肯定只能做轻而易举的事情，而不会再多付出一丁点儿的努力，哪怕只要多这一丁点儿努力就可以为公司节约成本、创造收益，你可能连顺手关水龙头或者是电灯开关这样的事情都没有意识或不愿意去做。

　　费拉尔·凯普曾经说过："没有责任心的军官不是合格的军官，没有责任心的员工不是优秀的员工。责任心是简单而无价的。工作就意味着责任，责任意识会让我们表现得更加出色。"

　　将工作本身看成一种责任和义务能极大地鞭策自己认真地去工作，战胜挑战、完成自己的任务。如果你有责任心，就不会马马虎虎地对待自己的工作，而是会认真地把好每一个质量关，高质量地完成工作。拥有责任心的人不会被动地等待新的任务，而是积极主动地去寻找目标和任务，为自动自发地工作提供了必不可少的精神准备。责任心可以让你的个性特长进一步得到加强，比如领导能力、合作能力、沟通技巧、逻辑思维能力以及学习能力等。责任有两层含义：一是对于自我来说，是自我价值实现的需要；二是对于整个社会，责任是个人对社会的一种职责与目标的实现。有责任心的人都有相同的理想：投身于社会，为个人、企业乃至国家做出应有的贡献。责任心使得他们的生活得到了多方面的收获，既获得了个人事业的成功，又拥有了企业成功的自豪感和归属感。

有责任心的员工才能够达到好的工作效果。没有责任心或不敢承担责任的员工，不可能成为优秀的员工，不可能成为成功人士——成功人士总能对自己的思想、工作、目标和生活负责，怀有老板心态去开创自己的事业，并走上成功之路。

在工作或生活中，没有绝对的权利，每一项权利都有着对应的责任。权利和责任是一个问题的两个方面。如果不能承担起相应的责任，即使自己拥有权利也不可能持久；而当我们具备对工作的责任心，并主动承担各种责任时，我们就具备了老板心态中十分重要的方面，我们拥有的权利就会增多而且长久。

老板心态，让你成为"老板"

做小事，成大事

很多人在工作中总爱挑三拣四，不屑于点滴的积累。他们可能会说，"像这样的工作，让一个小学毕业的人来做就能够做得很好，我应该去做一些大事"。或许你所指的大事就是一些高薪、高难度的工作，但这样的工作是需要高能力的人才能胜任，现阶段的你还处于小事的积累阶段，"一屋不扫，何以扫天下"，不屑于做小事的人也不会干成什么大事。所以，你需要在日常的琐事中增长自己的本领，当你的能力达到一定的水平时，你就可以去做你的"大事"了。所以，从某种意义上来说，每一件事都值得我们用心去做。

那些具备老板心态的成功者，他们与我们都做着同样简单的小事，唯一的区别就是，他们从不认为他们所做的事是简单的小事。

康·尼·希尔顿是希尔顿饭店的创始人，他这样要求员工："大家牢记，万万不可把我们心里的愁云摆在脸上！无论饭店本身遭到何等的困难，希尔顿服务员脸上永远有灿烂的阳光。"

正是这小小的微笑，让希尔顿饭店的美名享誉世界各地。微笑虽小，但坚持微笑就变成了一个企业的文化、精神乃至灵魂，是企业面对世界的一张明信片。

每个人所做的工作都是由一件件小事构成的。或许你每天所做的可能就是接听电话、整理报表、绘制图纸之类的小事，你是否对此感到厌倦而精神不振呢？你是否因此而敷衍应付，有所懈怠呢？请记住：工作本无大小之分，要想把每件事做到完美，就必须全身心地付出你的热情和努力。

相信很多人都听过"每桶4美元的标准石油"的故事：

美国标准石油公司曾经有一位小职员叫阿基勃特，他在出差住旅馆的时候，总是在自己签名的下方写上"每桶4美元的标准石油"字样，在书信及收据上也不例外——签了名，就一定写上那几个字。他因此被同事叫作"每桶4美元"，而他的真名倒没有人叫了。

公司董事长洛克菲勒知道这件事后说："竟有职员如此努力宣扬公司的声誉，我要见见他。"于是邀请阿基勃特共进晚餐。

后来，洛克菲勒卸任，阿基勃特成了第二任董事长。

也许，在你看来，在签名的时候署上"每桶4美元的标准石油"，这实在不是什么可以值得炫耀的大事，阿基勃特却坚持做了下去。那些嘲笑他的人中，肯定有不少人才华、能力在他之上，可是最后，只有阿基勃特成了美国标准石油公司的董事长。

更有一些人因为"事小而不为"，或抱有一种轻视的态度。

在开学的第一天，一位老师对他的学生们说："我们要强健自己的身体，以便更好地投入学习。所以从现在起，每天早晨围绕操场跑3圈。"

刚开始，大家都十分积极地跑步，但1个月、3个月、5个月……坚持下来的人渐渐减少了。1年以后，大家发现，全班只有一个学生坚持这样做了。

"这么简单的事，谁做不到？"这正是许多人的心态。成功不是偶然的，有些看起来是很偶然的成功，实际上我们看到的只是表象。从对一些小事的处理方式上，已经昭示了成功的必然。无论是"每桶4美元"还是"坚持每天早晨跑步"，都要求人们必须具备一种锲而不舍的精神，一种坚持到底的信念，一种脚踏实地的态度，一种主动承担的责任心。如果一个人连小事都做不好，还谈什么成就大业呢？

和工作一起成长

和工作一起成长就是指一个人要为自己选择一条合适的发展之路，使个人的技能随着工作阅历的增加而不断提升。

具有老板心态的优秀人才能够在工作中不断进步，和工作一起成长。

要实现和工作一起成长，就要做好自己的职业规则，并在工作中遵循自己的规划，使自己的工作能力、职业竞争力随着工作经验的积累而不断提高。

要做到和工作一起成长，首先应该把从事的每份工作都看作是一个学习的机会。从本质上看，你所做的每份工作都在不停地变化着。因此，你不得不把现在正在从事的工作看成是自己学习锻炼的一次经历，不管你是否把它当成理想的工作，都必须喜欢学习新的任务和工作流程；而且还要时刻对上司表现出你是多么热衷于学习新的知识和技术，而且你学得很快。

在工作中学习、成长，是为了适应企业不断发展的要求。要知道，企业和员工是一个共生体，二者相互依存、相辅相成。企业的成长，要依靠员工的成长来实现；员工的成长，又要依靠企业这个平台。企业兴，员工兴；企业衰，员工衰。那些称雄世界的知名企业无一不是这样，所有的企业也都是这样。所以，企业就是你的船，你的工作关系着企业的兴衰，反过来，企业的成长与否又关系着你的命运。

世界上很多知名的大企业都把"让员工和公司一起成长"作为自己在竞争中赢得优势的重要手段。美国《时代周刊》曾这样评价IBM："没有任何企业会这样对世界产业和人类生活方式带来和将要带来如此巨大的影响。"这恐怕是对一个企业的最高评价。探究IBM成功的原因，关心和积极帮助员工的个人成长，并把员工自身价值的实现与企业的发展有机地结合起来，让员工与公司一起成长，才是IBM成功的真正奥秘。

同样，作为国际知名大公司的微软，终生学习和成长则是其员工任职的首要条件。因为只有如此，才能确保微软在软件行业里的霸主地位。

这些企业看到了员工与工作一起成长而带来的巨大前景，因而十分注重这一方面的提高。对于我们每个人来说，这样做也会给我们带来巨大的成功。

但是经常有很多人进入思维的误区，他们要么认为个人的利益与企业的利益是相对立的；要么认为个人的前途和企业的前途没有关系。但事实是企业就是你的船，船在，你就有胜利到达彼岸的希望；船翻了，你的命运也将随之毁灭。所以，个人和企业是一体的，二者的利益是统一的。只有与企业同患难，才可能和企业同成长。千万不要在企业困难的时候当逃兵，因为最令人陶醉的成就是那些历经艰难才取得的成就。

著名戏剧大师易卜生说过："青年时种下什么，老年时就收获什么。"你在公司的土壤中种下什么，公司就会回报给你什么。如果你愿意承担成长的责任，那么你就会获得成长的权利；如果你把公司的成长当成自己的责任，那么公司自然会为你创造成长的机会；如果你以积极的热情和全心全意的努力对待公司中的种种事务，那么你的事业、你的精神就会在公司中得到最了不起的进步；只要你的行为和态度切实推动了公司的成长，那么公司就一定会给予你相应的回报。

很多优秀的人一直都在不懈地寻找适合自己发展的最佳平台，薪酬已不是他们考虑的唯一因素！为未来做准备、为成功打基础、要自信心、要成就感，发展、成长，已成为他们关注的焦点！

具有老板心态的员工，不会视工作为敌人，而是会主动热情地去工作，在工作中学习、进步，对公司的发展有巨大的推动作用，对于个人来说，可以提高工作技能和职业竞争力。善于成长的员工才是有价值的员工，成长是一种责任。唯有把成长当作一种责任，才能创造更大的价值，才能实现不断成长的目标。

作为一名员工，如果不具备老板心态，就不能主动与公司同步成长，不但会使公司的发展受到制约，而且最终难逃被企业淘汰的命运。

实际上，与工作一起成长是企业和员工双方对彼此的一种心理期望。这就是美国著名管理心理学家施恩教授提出的一个名词——心理契约，其意思可以描述为这样一种状态：企业的成长与员工的发展虽然没有通过一纸契约载明，但企业与员工却依然能找到决策的"焦点"，如同一纸契约的规范作用一样。

"与工作一起成长"，这应该是每个人刚踏入社会开始工作就应该明白的道理，你应该从一开始就树立这样的意识，并在平常的工作中加以落实和贯彻。你要始终相信：你和工作是一体的。公司得以持续发展依赖于公司的所有员工的共同努力和不断进步。每一个和工作一起成长的员工都会推动公司的成长，都会为公司的进步增添动力，实现自身的进步和促进公司的成长是每一位员工义不容辞的责任，只有与工作一起成长才能为公司、为自己创造更大的价值。

成就老板心态的 5 种意识

具备老板心态的人，通常会把公司当作自己的家，积极主动地关心公司的前途，他们通常会像老板一样考虑公司的业务、工作效率、成本、质量、品牌和结果 5 种意识。

1. 效率意识

时间就是效率，效率就是金钱。因而在工作中，必须讲求效率，要把自己每分钟、每小时、每天、每月的"钱"挣出来。否则，你就没有尽到自己的责任，公司就要亏本。如果大家连自己的"钱"都挣不够，长此以往，企业肯定要关门。所以，如何在有限的工作时间内为企业创造最大的价值、提高工作效率，是每个老板所关心的，也是每个员工必须做到的。

对于员工来说，没有效率就意味着浪费时间、浪费生命。与别人花同样的时间工作，却比别人做得少，这样的员工自然不是老板想要的，他也就面临着被老板解雇的危机。

2. 成本意识

企业的利润从何而来？主要来源于两个方面：增收与节支——增加收入的途径，控制支出的管道，获得更高的净现金流。但一收一支、一增一减说来容易，操作起来却难度极大，这让很多企业管理者伤透了脑筋。

作为企业的员工，我们时时刻刻、随时随地都要为企业、为老板精打细算，尽量花最少的钱办最多的事。如果你每天都在为老板多挣钱、少花钱，老板会亏待你吗？当然不会。具有成本意识的员工，在工作中就会注意为公司节约能源、节约资金，因为他们把公司当成是自己的，这种意识便会自然而然的产生。成本意识让你无论何时都计算着用最小的代价获取最大的成功，小事往往成就大事，虽然每次只是节约一丁点儿成本，但是长此以往也会是一个惊人的数目。

3. 质量意识

虽然说世界上没有绝对的完美，但我们做任何事都要全力以赴，做到更好。

"质量，是价值与尊严的起点。"产品质量、服务质量和工作质量的高低是企业品质和个人品质的外在表现。做好产品之前先做好人，这是很多成功人士都逐渐达成的共识。在工作中，质量就是责任。你有责任将你的工作做好，将你的产品、你的服务做到完美。这样的员工，才能得到老板的赏识和认可。有一句话"质量就是生命"，一个人的工作质量往往代表他的思想、行动的质量。拥有老板心态的人是对高质量严格要求的人，他们绝不会允许自己的产品质量低劣。

4. 品牌意识

品牌有"三度"：知名度、美誉度和忠诚度。品牌是企业和老板的脸面和生命，也是企业最有力的竞争手段。很显然，树立企业和产品品牌，打响和提高品牌的"三度"，光靠老板是不行的，最主要的还要靠具有老板心态的员工。在为企业树立品牌的过程中，员工也为自己树立了品牌。

一个具有老板心态的员工，往往是工作负责、敬业，具有极强能力和才华的精英，他们会为自己打造良好的声誉，这些声誉便成为他们工作的品牌，成为让老板赏识、企业重用的重要标准。

5. 结果意识

很多知名企业在招聘员工时，经常会使用这样一个词——"Result Oriented"，中文意思是"结果导向"，他们欢迎结果导向型的人才。

企业招聘员工，就是要他们为企业做出成绩，为公司谋利益。员工向老板要结果，这个结果就是工资。公司请了一帮人干活，到了月底，不管经营好坏，工资都要按时发，这就是结果导向。

反过来，员工也应该具有结果导向意识，你领工资的时候，老板问你："我凭什么给你发工资？"这个"什么"就是你应该给老板看的结果，或者说，你应该给老板一个令他信服的给你发工资的理由。

"付出才有回报"，结果便是对你的工作付出的多少的回报。一个具有老板心态的员工，绝不会让自己的工作半途而废、有劳无功，他们的每一项工作都会有一个好的结果，让自己的努力不白费。工作中的好结果，是员工工作的最佳证明。

培养老板心态，学会为自己打工

警惕"打工心态"

以下是老板心态和打工心态之间的对比，从中我们可以清楚地知道什么是打工心态。

	老 板 心 态	打 工 心 态
眼 光	关注企业的战略与长远发展	保住眼前的工资和饭碗
责 任	承担责任，信守承诺	漫不经心，得过且过
效 率	日事日毕，绝不拖延	懒惰拖拉，消极应付
成 本	精打细算，多快好省	大手大脚，花公司的钱不心疼
质 量	精益求精，产品等于人品	差不多就行了
失 败	吸取教训，总结经验	寻找借口，竭力为自己辩护
团 队	群策群力，分享共赢	单枪匹马，个人英雄
结 果	以结果论英雄	没有功劳也有苦劳
事 业	把企业当成自己的事业	把企业当成别人的事业

一位上了年纪的建筑工人准备退休了，老板很感激他这么多年勤勤恳恳地工作，就问他是否愿意帮自己再建最后一栋房子。建筑工人答应了。可是，建筑工人的心思早不在工作上了，干活马马虎虎、偷工减料，用劣

质的材料随随便便地盖了一栋房子。谁知道完工以后，老板拍拍建筑工人的肩膀，诚恳地说："这是你亲手建造的房子，我把它送给你，表达我对你这么多年工作的感激之情。"

建筑工人惊呆了。如果当初他知道是在为自己建房子，他一定会用最优质的建材、最高明的技术，然而，现在呢，却建成了"豆腐渣工程"！但是一切都已经来不及了。

老建筑工人就是怀有这种打工心态，工作不尽全力，结果反受其害。

许多身在职场的人都会思考这样一个问题：我在为谁工作？这样的思考会产生两个结果：一个是觉得自己在为公司工作，或者说是在为老板工作；另一个就是认为自己是在为自己工作，而且无论是在什么公司。两种截然不同的工作态度，必然产生不同的结果。

对于"为公司工作"的人来说，他们的逻辑大致是这样的：我在企业工作，而企业是属于老板的，所以很明显，我在为企业、为老板工作。至于通过工作学到的知识、积累的经验，他们都把这些简单地用薪酬加以衡量，他们只关心薪酬的多少，这也是他们工作最大、最原始的动力。

对于"为自己工作"的人来说，虽然身处企业，企业也属于老板这一从属关系同样存在，但他们更多看中的是自己从工作过程中得到的收获。薪酬当然也是其中不可缺少的部分，但他们更关注在工作中学到的知识和积累的经验。因为他们清楚这些才是自己事业大厦最不可缺少的基石，而薪酬就如同这座大厦漂亮、悦人的装潢一样，随时都可以改变。

所谓"人往高处走，水往低处流"，工作是人生价值的体现，是人生的存在形式，不管你在哪里工作、为谁而工作，你首先是"工作"，把自己应该做的事情做好，然后才是为谁而工作的问题。所以我们要有正确的心态——为自己而不是为老板工作的心态。

在工作中，不管做任何事，都应将心态回归于外行，抱着学习的态度，将每一次任务都视为一个新的开始，一段新的体验，一扇通往成功的机会之门。千万不要视工作如鸡肋，食之无味，弃之可惜，结果做得心不甘情不愿，于公于私都没有裨益。

　　齐勃瓦出生在美国乡村，没有受过什么学校教育。15岁那年，由于家中贫穷，他就到一个山村做了马夫。他不甘沉沦，不甘一辈子做马夫，他无时无刻不在寻找发展的机会。3年后，齐勃瓦终于来到钢铁大王卡内基所属的一个建筑工地打工。虽然他只是一个进城的农民工，但是，自从进入建筑工地的那一天起，齐勃瓦就下定决心，要做建筑工地最优秀的人。当其他人在抱怨工作辛苦、薪水低的时候，齐勃瓦却默默地积累着工作经验，并自学建筑知识。

　　闲暇时，工友们往往在一起闲聊天或打扑克，只有齐勃瓦躲在工棚的角落里看书。有一天，公司的经理到工地视察工作。在探访工人宿舍时，他看见了齐勃瓦手中的书，又翻了翻他的笔记，什么也没说就走了。

　　第二天，经理把齐勃瓦叫到办公室，问："你学那些东西干什么？"

　　齐勃瓦不慌不忙地回答说："我想我们公司并不缺少打工者，缺少的是既有工作经验，又有专业知识的技术人员和管理者，是不是？"

　　经理点了点头。

　　不久，齐勃瓦被破格提升为技师。有些人知道这件事后心怀嫉妒，挖苦、讽刺他。但齐勃瓦的回答是："我不光是在为老板打工，更不单纯是为了赚钱，我是在为自己的梦想打工。我只能在工作业绩中提升自己，我要使自己的工作所创造的价值远远超过所得的薪水。我把自己当作公司的主人，所以能够获得发展的机遇。"

　　正是怀有为自己打工的老板心态，齐勃瓦刻苦钻研，系统地掌握了技术知识。就这样，齐勃瓦一步一步升到了总工程师的职位。25岁那年，齐勃瓦终于做了这家建筑公司的总经理。在建筑公司完成了最大的布拉得钢铁厂建设项目时，他那为自己而工作的热情和由此培养的卓越才能又被卡内基钢铁公司的天才工程师兼合伙人琼斯所发现。琼斯立即推荐齐勃瓦做了自己的副手，主管全厂事务。

　　2年后，琼斯因一次事故而丧生，齐勃瓦接任了厂长一职。由于齐勃瓦的积极努力和工作热情，加上他日渐成熟的管理艺术，布拉得钢铁厂成了卡内基钢铁公司的灵魂。几年过后，卡内基亲自任命齐勃瓦担任了钢铁公司董事长。

要想成大事，就要警惕"打工心态"，要像老板一样，把公司事业当成自己的事业。如果你是老板，你一定希望员工能和自己一样，更加努力、更加勤奋、更加积极主动。因此，当你的老板提出这样的要求时，你就应当积极努力地去做，用心去做，创造性地去做。

有了老板心态，你就会成为一个值得信赖的人，一个老板乐于接受的人。因为一个为公司尽职尽责完成工作的人，往往已经把这份工作看成是自己的事业，自己的事业是公司事业的一部分，公司的事业也就是自己的事业。

为自己寻找抱怨、偷懒、渎职的借口，这是打工心态在作祟。要知道因为你不仅仅是在为老板工作、为工资工作，更是在为自己工作、为自己的未来工作，所以你应该把它当作一份属于自己的事业，用心去做、去经营。

不要只为钱包而工作

工资是对于个人在工作中所做的贡献——包括实现的绩效、付出的努力、时间、学识、技能、经验与创造所付给的相应回报与答谢。

但工资仅仅是对个人回报的一部分，而且是很少的一部分。除了工资，工作给予的报酬还有珍贵的经验、良好的训练、才能的表现和品格的培养。这些东西与用金钱表现出来的工资相比，其价值要高出千万倍。

如果人们将工作视为积极地学习，那么，每一项工作中都包含许多个人成长的机会。当年轻人刚刚踏入社会时，不应该过分考虑薪水的多少，而应该注意工作本身带来的报酬。譬如提高自己的能力，增加自己的社会经验，提升个人的人格魅力……与你在工作中获得的技能与经验相比，微薄的工资就显得不那么重要了。老板支付给你的是金钱，你自己赋予自己的是可以令你终身受益的无价之宝。

人们都羡慕那些杰出人士所具有的创造能力、决策能力以及敏锐的洞察力，但他们并非一开始就拥有这些能力，而是在长期的工作中积累和学习到的。在工作中，他们学会了了解自我、发现自我。这是职业赋予人最珍贵的礼物。能力比金钱重要万倍，因为它不会遗失也不会被偷走。

在为钱包工作之外，提升自己的潜力使其得到充分的培养和发挥更为重要。或许老板支付给你的薪酬是微薄的，没有达到你的期望值，但你可以在工作中使这微薄的薪酬增值，那就是宝贵的阅历、系统的职业技能训练、能力的提高和品行的锻造。这些显然是不能用金钱来衡量的，也不是简单地用金钱就能买到的。

工作所回报给你的要比你为它付出的多。如果把工作看成是经验的积累过程，那么任何一项工作都蕴含着无数成长的契机。

不要刻意考虑薪酬的多少，而应珍视工作本身给你创造的价值，要知道，只有你自己才能赋予自己终身受益无穷的财富，而你的老板给你的永远都是可数的金钱。

个人发展的结果使自身能力得以提高，这比金钱重要得多。这就像画家丢了一幅名贵的书画，但他永远不会因此变得贫穷，因为他的财富是他所具备的能力。刚刚踏入社会的年轻人，更应该多考虑自己的前途，而不应该过分追求工资的多少。提高自己的能力、增加自己的社会经验、提升个人的人格魅力与眼前的工资相比，你将如何选择？

最近的一项调查可以给这些初入社会的人们一些启示：与薪资相比，个人的发展为越来越多的人所重视。在被调查的150个高级主管人员中，41%的雇员离职是因为晋升机会有限，25%的人认为他们的业绩没有得到肯定，而只有15%的人是因为工资。在目前这样的高级和紧缺人才的激烈争夺中，那些对雇员既不许以光明前途又不及时提升他们的公司，就要输给可以做到这些的竞争对手。

工资并不是生活的全部。我们应该明白，为钱包而工作固然重要，但是，提高自己的能力，增强职业竞争力，实现自我价值和社会价值，这些比钱包更重要，也是更高层次的要求。

提升自我管理意识

在美国警界服务了30多年的资深警察格雷，在日内瓦举行的一次国际退役警员协会周年大会上，荣获"世界最诚实警察"的美誉。

　　格雷现年54岁，在他的警察生涯中，从来没有徇私过，"诚实的格雷"在警界拥有非常高的名望。有一次，格雷到夏威夷风景如画的海边度假，发现自己在限速20千米区域内以时速26千米驾驶之后，便给自己开了一张违例驾驶的罚单。他这样说道："由于当时见不到其他警员在场，无人抄牌，而最简单的办法莫过于把车停在路旁，走下车来，开一张罚单给自己。"

　　在驶进市区后，格雷就直奔当地交通局去报告这件事。主管违例驾车案件的法官起初大感意外，继而大受感动，他说："我当了这么多年法官，从未遇到过这样的案件。"在格雷的感召下，他还是秉公执法，判罚了格雷25英镑。

　　格雷的这种自我管理意识是始终如一的。无论是在工作上，还是生活上，他都是一个严于律己的人。有一次，他的母亲在公园散步时擅自摘取花朵，作为帽饰，当他发现后毫不留情地把母亲拘控。不过，罚款定了以后，他立刻替母亲交付了罚款。他解释说："她是我母亲，我爱她，但她犯了法，我有责任像拘控任何犯法的人一样拘控她……"

　　格雷是令人敬佩的，他拥有极强的自我管理意识，时刻认真地管理自我，这些是大多数人所不具备的，否则他也不可能荣获"世界最诚实警察"的美誉了。

　　一个成功的人既要有别人的监督，又要有自己的监督。别人的监督可以发现自己发现不了的事情，自己的监督就是自律。

　　自律是自己管理自己、自己尊重自己、自己塑造自己。一个自律的人，是一个成熟的人，是一个对自己负责任的人，它也是培养老板心态的一个非常重要的方面。

　　自律，自己给自己制定一个纪律。"纪律"这个词来源于信徒，也就是跟随者的意思。信徒和跟随者所跟随的是值得他们学习、敬仰的老师。自律，从这一方面来说，就是以己为师，自我修炼、自我学习。你必须在思想上认定没有人能够比你更好地教你自己，没有人比你自己更值得你去跟随，没有人比你能更好地改正你自己。你要愿意做这些事情，你要愿意教育自己，你要愿意跟随自己，你要愿意在必要的时候惩罚自己。

"我欣赏的是那些能够自我管理、自我激励的人，他们不管老板是不是在办公室，都是一如既往地勤奋工作，从而永远都不可能被解雇，也永远都不会为了加工资而罢工。"这是哈伯德在《致加西亚的信》这本书中所强调的观点，他认为自我管理具有十分重要的意义。

那些在事业上颇有成就的人都对自己要求非常严格，而不用别人来强迫或督促。要想到达事业的顶峰，就不能仅仅在别人注意你的时候才装模作样地好好表现一番，任何成功都是厚积薄发的过程。也许有些人看起来是一夜成名，但是，他们的成功，实际上是通过长期默默奋斗才得到的。

要想到达事业的顶峰，就必须提升自己的自我管理意识，不管你从事的是多么普通、枯燥的工作，做好自我管理、自我激励吧，这样，你才有机会成为管理者或老板。那些成功人士都是些勇于负责、令人信任的人。

成功者与失败者之间最大的区别就是，前者善于自我激励，有股自我推动的力量促使他去工作，并且敢于承担一切责任。成功的要诀就在于要对自己的行为负责，没有人能够阻碍你的成功，但也没有人可以真正赋予你成功的原动力。

在老板心态的督促下，一个成功者必然有极强的自我管理意识，使他成为一名能够自我管理、自我激励的人，而不是让别人每天督促他、教导他才能圆满地完成工作的人。

站在老板的角度看问题

丽达长得很一般，没有什么学历，在一家房地产公司做经理助理。丽达的打字室与老板的办公室之间只隔着一块大玻璃，老板的一举一动她只要愿意就可以看得清清楚楚，但她很少向那边多看一眼。丽达每天都有处理不完的工作和文件。丽达知道工作认真是她唯一可以和别人一争长短的资本。她处处为公司打算，打印纸不浪费一张，如果不是要紧的文件，她会一张打印纸两面用。

有一段时间，公司资金周转困难，于是人心惶惶，很多人都选择了跳槽。最后，总经理办公室的工作人员就剩下她一个。有一天，丽达走进老板的办公室，直截了当地问老板："您认为公司已经垮了吗？"老板很惊讶，说："没有！""既然没有，您就不应该这样消沉。现在的情况确实不好，可现在处于经济泡沫时期，很多公司都面临着同样的问题，并非只有我们一家是这样。而且虽然您的大部分资金用在了工程上，可公司没有全死呀！我们不是还有一个别墅项目吗？只要好好做，这个项目就可以成为公司重整旗鼓的开始。"说完，她拿出那个项目的策划文案。隔了几天，丽达被派去做那个项目。两个月后，那片位置不算好的公寓全部先期售出，丽达为公司拿到 5000 万元的资金，公司终于起死回生。

不久以后，丽达便被提升为副总经理，帮着老板做了好几个大项目，又忙里偷闲，炒了大半年股票，为公司净赚了 600 万美元。在 5 年以后的公司改制过程中，公司改成股份制，老板当了董事长，丽达则成了新公司第一任总经理。

丽达的经历让我们清楚地看到，一个人即使工作的岗位再普通，只要他拥有老板心态，能够站在老板的高度上，与公司合为一体，"同生死共命运"，积极为公司出谋划策，就能够从平凡中脱颖而出，一步步前进，成为公司的管理者。

站在老板的角度上看问题，就要热爱自己的公司，把公司的事情当作自己的事情，站在老板的立场从全局、大处着眼，主动为公司着想；拥有老板的远见卓识。这样的人就不再是一个普通的员工，他会为自己树立一个更高的发展目标，培养自己的才学和能力，不断地和自己的公司一起成长，在工作中不断取得优秀的成绩，让自己成为公司必不可少的一员。

你要明白：一份工作可以让你在社会上立足，目前的工作是你日后的事业的基石。当你还是公司的员工时，就要把公司的利益放在首位，时时想着公司的利益，设身处地地为老板着想，这样的话，你就能全身心地投入工作，你就会被老板重用。

站在老板的角度看问题，你就要明白你工作的意义，你要明白，你正在为你的未来做准备，你正在学习的东西将使你超越自我，甚至超越老板。当机会来临之时，就是你的成功之际。

站在老板的角度上，你就会发现，做好分内工作已经不能满足你的要求，要更精益求精，甚至需要"跑位"。你应仔细考虑考虑，目前所做的工作是否还有改进的余地，如果你能这样去想和做，你的工作就会得到不断的提高。这些原来都是老板考虑的事，但如果你能去设身处地地考虑问题，那你在不久的将来也会成为老板。

站在老板的角度上看问题，这样，你就会成为老板的得力助手，老板也会因为你的忠诚而器重你。以这样的心态工作，就可以坦然地面对老板，因为你对公司尽了自己最大的努力。如果你以老板的心态对待公司，不久的将来，你一定会获得事业的成功。

如果你能处处为老板着想，替企业开源节流，那么，公司也会投桃报李。当然，奖励可能不在今天，但是可以肯定，它一定会来，只不过其方式不一定是现金。可以这样说，当你以老板的心态思考问题时，那么，你已经成长为一名老板了。

站在老板的角度看问题，就是为你的事业安装了一部望远镜。以老板的姿态去工作，今天的努力，就会造就明天的成功。

比别人多做一点，超越老板的期望

在竞争日益激烈的现代社会，只满足老板对你的期望值已经远远不够了。当你的表现和他的期望基本吻合，他只会认为你物有所值，但当你的表现超越了他的期望，他就会认为你物超所值。这样的竞争力是不容易被取代的，它是你做事的表现和老板的满意度，而不只是个人简历上面那些枯燥的经验数据。对一个老板来说，一个物超所值的员工意味着效率、价值和榜样，对于我们自己而言，物超所值则意味着机会、成长和实力，分外事做得越多，你的"附加值"就越高，这种物超所值，会使你学到更多的知识，掌握更多的技能，使自己变得更加不可缺少。

我们在职场做事不能简单地遵循"一手交钱，一手交货"，"拿多少钱，做多少事"的游戏规则，而是应该不断提高自己的附加价值，不断超越老板的期望，做一个物超所值的员工，这样，我们才能够更有竞争力。所以，我们在把分内的事情做得至微至周的同时，应该抽出时间来想一想，除了分内的事以外，我们还能做什么？只有这样，我们才能够具有更强的竞争力。

如果你是一名普通员工，把事情做好，帮老板"救火"，那些只是分内的事。懂得自我教育、始终保持成长、主动沟通、积极合作的人，才是物超所值、有竞争力的员工。现在，很多公司招聘人才的标准已经从原来的重学历、重资历，转变到现在的重态度、重价值观、重综合素质了。

在职场中，有一条著名定律——"多一盎司定律"。它是由著名投资专家约翰·坦普尔顿通过大量的观察研究所得出的。他指出：取得突出成就的人与取得中等成就的人几乎做了同样多的工作，他们所做出的努力差别很小——只是"多一盎司"，但其结果，所取得的成就及成就的实质内容方面，却总是有着天壤之别。

约翰·坦普尔顿认为，只多那么一点儿就会得到更好的成绩，那些在一定的基础上多加了2盎司而不是1盎司的人，得到的份额远大于1盎司应得的份额。

"多一盎司定律"实际上就是比别人多做一点，让你"物超所值"。

多加一盎司，工作可能就大不一样。尽职尽责完成自己的工作的人，最多只能算是称职的员工，如果在自己的工作中再"多加一盎司"，你就可能成为优秀的员工，成为优秀的管理者。

"多一盎司定律"带给我们的不只是"多一盎司"的收获。如果你多加一盎司，你的士气就会高涨，而你与同伴的合作就会取得非凡的成绩。要取得突出成就，你必须比那些取得中等成就的人多努一把力，学会再加一盎司，你会得到意想不到的收获。

对我们来讲，"多加一盎司"事实上并不是什么天大的难事，既然我们已经付出了99%的努力，已经完成了绝大部分的工作，再多增加"一盎司"又何妨呢？而在实际的工作生活中，我们往往缺少的却是"多一盎司"所需要的那一点点责任，一点点决心，一点点敬业的态度和自动自发的精神。

"多一盎司"并非多此一举，而是让你超越老板的期望。大到对工作、公司的态度，小到你正在完成的工作，甚至是接听一个电话、整理一份报表，只要能"多加一盎司"，把它们做得更完美，你将会有数倍于一盎司的回报，将会得到老板十倍的赞许和信赖。

"多加一盎司"很简单，但获得成功的秘密就在于加上那一盎司。多加一盎司的结果会使你最大限度地发挥你的才能。

"多加一盎司"，你就会朝着成功的目标迈进一步。比别人多做一点，你就会比别人早被老板留意并且重视——这是培养老板心态所必要的一步。

主动找事做，而非等事做

每天重复着上班、下班，到时领取属于自己的那份工资，生活像一条流水线，很多人都机械地忙碌着，重复地过着每一天。为工作，为生活，但他们大多会很茫然。因为他们很少，或者从不去思考关于工作的问题，他们只是在被动地应付，为了工作而工作。他们缺乏主动性，在工作中永远表现平平，将自己定位于平庸。

职场中，对于只知机械完成工作的"应声虫"，老板会毫不犹豫地将他置于"冷宫"。只有那些能够主动找事做，工作中充满激情和创造力的人，才是老板真正要找的人。

但是，如果主动只是停留在遵从老板指令的基础之上，那么，这样的主动还多少带有被动的痕迹。因为在竞争激烈的现代职场，这样做已经不行了，更进一步的要求是，不等老板交代，便主动去做事情，并且还能出色地完成。这也是保住和巩固自己位置的好办法——永远保持主动、率先的精神。

哈文和比特在同一家公司工作。哈文在一年的时间里得到了两次升职的机会，而比特却还停留在原来的职位上。比特觉得很不服气，就去找老板问个究竟。老板说："比特，你现在就到市场去一趟，调查一下今天早上有什么卖的东西。"比特欣然答应，不一会儿就回来了，他向老板报告说：

"今天市场只有一个农民拉了一车土豆在卖。""一共有多少？"老板问。比特闻言又往市场跑，汗流浃背地回来报告说："共有 50 袋土豆。""价格是多少？"老板又问。比特只好又跑向了市场询问价格，并且还埋怨老板为什么不一次都问完。老板微微一笑说："好了，现在你可以休息一下，看看别人是怎么做的。"老板把哈文找来，让他去做同样的事，哈文很快从市场回来，向老板报告说："现在只有一个农民在卖土豆，一共 50 袋，价格是每千克 1 元钱，土豆的质量很好。"他还带回一个样品让老板看。"并且这个农民 1 小时后还要运来几箱番茄，价格也很公道。"哈文知道昨天店里的番茄卖得很不错，供不应求，而如此便宜的番茄老板肯定会进货，所以就把那个农民带来了，他现在正等在外面呢。

这时，老板对比特说："现在你知道哈文职位比你高的原因了吧？"

比特虽然对于工作很积极热心，但他却只是消极等待老板分配任务，这样远不能独当一面；而哈文则主动调查情况，不是等待老板吩咐，这样当然会得到老板的器重。

在工作中主动找事情做，而非被动听从老板命令的人，是具有主动精神的员工。如果只有在老板要求时才去做事，那么你永远无法到达成功的顶峰。最杰出的工作成绩应该是自己主动表现的，而不是由别人要求的。如果你主动工作，对自己的期望比老板对你的期许更高，那么你就无须担心会失去工作。同样，如果你能达到自己设定的最高标准，那么升迁晋级也将指日可待。想登上成功之梯的最高顶端，你就得永远保持主动率先的精神，纵使面对缺乏挑战或毫无乐趣的工作，也能够获得回报。当你在从事每一项工作时都遵循这一原则，就可以使自己的生活好转起来，就从今天开始，就从现在的工作开始，主动起来，只有这样，才能获得成功。

那些具有老板心态的成功者，无论事情简单还是复杂；是自己感兴趣的，还是不感兴趣，甚至是厌恶的，他们都会主动寻求解决的办法，从来不会逃避。这也是他们能够成功的原因之一。一个人只有对自己的工作尽心尽责，并主动完成任务，才能在事业上取得成功。主动，就是不用别人告诉你，你就能自觉、出色地完成任务。主动要求承担更多的工作或自动承担更多的工作是一个优秀员工必备的素质。你的主动也会给自己赢得更多的机会。

如果你想取得优秀员工那样的成绩，办法只有一个，那就是比那个优秀员工更积极主动地工作；如果你想取得像老板今天这样的成就，办法只有一个，那就是比老板更积极主动地工作。

等事来做，等来的只是平庸。只有在工作中主动进取、发现问题，这样才能让你在众多员工中脱颖而出，受到老板的重视，为自己的发展和晋升提供机会。

第七章

务实心态：
奠定成功的基石

解读务实心态

务实，将思想化为行动

务实的着眼点是——"实"，实际。每个人都有自己的梦想，但很多人却不能够实现自己的梦想，这是为什么？因为他们缺乏务实心态，不能够从实际出发，用行动实现自己的梦想。

但凡成功者，都具备务实心态，他们不是只有梦想、只做计划、只擅空谈的人，而是行动者，是把梦想和计划付诸行动的人。一旦他们下定了决心，他们会马上行动。因为他们懂得，成功必须依赖行动，像能力、技能和知识这些东西，只有当你开始行动的时候，它们才会助你一臂之力。

无数有天赋的人的失败，就是因为缺少务实精神，他们不能有效发挥自己的才能。面对生活中纷繁复杂的变化，他们选择逃避，躲进梦想的避风港，只是简单地空想。

生活是不断变化的，我们要根据变化适时调整行动，而不是死抱固执，空守梦想。事实上，没有变化，我们就无从成长、无从进步，失败是唯一的终点。

务实者从不惧怕变化，因为他们的想法有行动做保障。变化并非一定就是负面的，全看你是否能主动采取行动，掌握它、支配它。不会行动的人，只有等待变化来把他吞没。

与其被动地卷入变化中，不如主动去行动。

思想，只有转化为行动，才有存在的意义。务实的行动，就要以现实为依据，思想要符合实际，不要好高骛远。务实就是无论在工作还是生活中，都要理智思考，不被浮华迷惑，认认真真地做事情，这样，工作会渐渐有起色，生活也会心平气顺。如果不务正业，那么有时会受到名誉的损害，有时则是法律的严惩。

事无大小，我们要学会以现实为依据脚踏实地地做事。务实的人相信有播种才有收获，他们的信条是"付出才有回报"，从不奢望天上掉馅饼。不劳而获的思想无论何时何地都与务实的工作作风格格不入，对于具有务实精神的人而言，如果不付出行动，思想永远不会自动化为现实；如果不提前准备，机会即使来到自己面前也无法将其留住。

务实是成功的基础，如果没有务实的态度，爱迪生纵然有再聪明的头脑也不会变成发明家；如果没有务实的态度，比尔·盖茨即使智商再高，也不会成为傲立世界的首富；如果没有务实的态度，达·芬奇即使再有天赋也不会有《蒙娜丽莎》的问世……

所以，成功必须靠务实努力来实现，务实将渴望成功的思想变为行动，去实践、实现，因为从来没有一蹴而就的成功。如果没有务实的奋斗，没有踏踏实实的努力，即使拥有再出色的才华、再优厚的外在条件和别人的帮助，成功的思想也只能停留在想象层面，而不能化为现实。

务实是对自己的一种"诚信"

每个人在一生中总有着种种的憧憬、种种的理想、种种的规划，但很多人却对自己的理想采取一种不负责任的态度，他们总是借口拖延，为自己无所作为寻找理由。这种自欺欺人的行为，结果是不能将任何的憧憬抓住，将任何的理想实现，将任何的计划执行。

"我当时真应该那么做，但我没有那么做。"这是最可悲的一句话。经常会听到有人说："如果我当年就怎么怎么样，早就成为大人物了。"但当年你为什么不去做？

菲尔德爵士指出：制订目标是为了达到目标，目标制订好之后，就要付诸行动去实现它。如果不化目标为行动，那么所制订的目标就失去了意义。

务实的人不论做什么事情，都会全力以赴，从不半途而废，不会给自己找借口拖延，他们总是把全部精神集中在自己的目标上，尽职尽责，对于某一件事情，他们一旦决定了去做之后，就一定会集中精神努力奋斗，用责任心来实现自我的"承诺"。

正是这种想到做到，做的时候全力以赴的负责精神，才让务实者在许多常人认为是"不可能"的问题上实现了突破。

肯德基究竟是怎样打入中国市场的，你知道吗？

在进入中国市场的准备期间，肯德基公司派了一位代表来中国考察市场。那位代表来到首都北京，看到街上人头攒动的场面，内心激动不已，尽情地畅想着肯德基一旦在中国站稳脚跟后的美好未来。带着这份美好的憧憬，他回到公司复命，在我们看来那位代表的工作也算得上是尽职尽责了，但回到公司后总裁还没等听完他的"美好遐想"就停了他的工作，另派了一位代表来北京。

新代表是一位非常务实的人，他先是在北京几条街道测出人流量，进行了实地走访，然后又对不同年龄、不同职业的人进行口味调查，并详细询问了他们对炸鸡的味道、价格等方面的意见，另外还对北京油、面、菜甚至鸡饲料等市场进行了摸底研究，并将样品数据带回总部。

不久，新代表率领一帮人又回到北京，"肯德基"从此打入了北京市场。

肯德基要打入中国市场，光是有美好的愿望是不够的，必须还要提供实际的数据和情况报告以供公司做决定。这就是两位代表的差别所在。他们的任务都是考察市场，为肯德基进入中国市场做准备，但只有第二个代表圆满完成了任务，他不仅回报了公司对他的信任，而且实现了自我价值。

西方有一句谚语："要怎么收获，先怎么栽种。"在工作和生活中，如果养成了务实尽责的好习惯，那就是在为自我的"诚信"加分。在走向成功的途中一步一个脚印，不要用虚幻的想象来自欺，这样的"诚信"才会带你走向最终的成功。

松下幸之助说过："责任心是一个人成功的关键。对自己的行为负责，独自承担这些行为的哪怕是最严重的后果，正是这种素质构成了伟大人格的关键。"当一个人养成了务实尽责的习惯之后，就形成了自我的"诚信"责任。在这种责任心的驱使下，工作能力和工作效率会得到大幅度提高，当我们把这些运用到实践当中，我们就会发现，成功已掌握在自己的手中。

卡尔是利物浦一家公司的小职员，他的外号叫"奔跑的鸭子"。因为他总像一只笨拙的鸭子一样在办公室跑来跑去，即使是职位比卡尔还低的人，都可以指使卡尔去办事。

后来，卡尔被调入了工作难度较大的销售部。公司为他的新部门下达了一项任务：必须完成本年度300万美元的销售额。

销售部经理认为这是强人所难，私下里他开始抱怨，认为这是老板的无礼要求。

但卡尔仍然尽职尽责地拼命工作，到离年终还有半个月的时候，卡尔已经完成了自己的销售额。但是其他人只完成了目标的50%。

由于卡尔的出色表现，他代替了那位爱抱怨的经理，成为新一任的销售部经理。"奔跑的鸭子"卡尔在上任后仍然务实尽责地工作，他的行为感染了其他人，在年底的最后一天，他们竟然完成了剩下的50%的任务。

不久，该公司被另一家公司收购。当新公司的董事长第一天来上班时，他亲自点名任命卡尔为这家公司的总经理。因为在双方商谈收购的过程中，这位董事长多次光临公司，"奔跑"的卡尔给他留下了深刻的印象。

卡尔的成功说明了这样一个道理，努力工作就是对自己负责，这也是为什么卡尔能获得成功，而其他人依然碌碌无为的原因。当你尝试着对自己的工作负责时，你就会挖掘很多自己以前没有发觉的潜能，找到自己的优势和工作的乐趣，一步步实现自己的"成功诺言"。

可见，责任心本身便是一种自我"诚信"。在责任心的实践中，最害怕的就是人的惰性。人的惰性是一种可怕的精神腐蚀剂，富兰克林曾经说过："懒惰就像生锈一样，比操劳更能消耗我们的身体。"而萧伯纳则说："懒惰就像一把锁，锁住了知识的仓库，使你的知识变得匮乏。"

拖延是懒惰者的借口。在工作和生活中，拖延时间是一种恶劣的欺骗行为，它是对我们工作承诺时限的破坏，更是对自我信赖和荣誉的一种毁坏。然而却很少有人能够说他自己在工作中从不拖延时间，很少有人承认正是这种拖延的行为使自己渐渐对工作产生了惰性。

如果我们确定了目标和理想，就要立即行动，要知道世界上有93%的人都因拖延、懒惰而一事无成。一日有一日的理想和决断，昨日有昨日的事，今日有今日的事，明日有明日的事。若一次又一次的拖延，便是一日又一日的浪费，用时间的谎言遮掩自我"无信"的拖延。

务实的人不肯拖延，他们觉得生活正如莱特所形容的那样："骑着一辆脚踏车，不是保持平衡向前进，就是翻倒在地。"他们往往有限时完成工作的观念，他们明确做每件事所需的时间，并且强迫自己在预期内完成。用这种形式来规范自己的行为，提高自我的"诚信度"。

不要为自己的拖延找借口，有目标，就要立即行动，用责任为自己筑造一座坚实的成功堡垒。

务实是对自己的"诚信"。要做一个成功者，你就要像那些石匠一样，一次次地挥动铁锤，直至最后的一击让石头裂开。成功的那一刻，正是你实现自己"成功诺言"的时刻。

从实际出发，脚踏实地

"无知与好高骛远是年轻人最容易犯的两个错误，也是导致他们常常失败的原因。"许许多多的人内心充满梦想与激情，但却不能脚踏实地去干。

很多年轻人在谋职时，总是盯着高职、高薪，总希望英雄能有用武之地，一旦他们对工作厌烦时，就会抱怨工作的枯燥与单调，埋怨职业毫无前途，而当他们遭受挫折与失败时，就会怀疑工作的意义，逐渐地，他们轻视自己的工作，并厌倦生活。

那些有所成就的人都具备务实的心态，都是踏踏实实地从简单的工作开始，通过一些微不足道的小事找到自我发展的平衡点和支撑点的，他们积极调整心态，通过持久的努力走出困境，并逐步迈向成功的大门。

只有踏实去干，才能有所成就。如果只流于空想，那也只能是"心比天高，命比纸薄"。

有个落魄的中年人每隔两三天就到教堂祈祷，希望自己能快速脱离贫困的境遇。

第一次，他到教堂跪在圣坛前，虔诚地低语："上帝啊，请念在我多年来敬畏您的分上，让我中一次彩票吧！阿门。"

几天后，他又垂头丧气地到了教堂，同样跪着祈祷："上帝啊，为何不让我中彩票？我愿意更谦卑地来服侍您，求您让我中一次彩票吧！阿门。"

又过了几天，他再次出现在教堂，同样重复他的祈祷。如此周而复始，不间断地祈求着。

最后一次，他跪着："我的上帝，为何您不垂听我的祈求？让我中彩票吧！只要一次，帮我解决所有困难，我愿终身奉献，专心侍奉您……"

就在这时，圣坛上空发出了一阵宏伟庄严的声音："我一直垂听你的祷告。可是——最起码，你也该先去买一张彩票吧！"

这只是个笑话。很多人都认为这种蠢事不会发生在自己身上。可事实呢？

在现实生活中，那个"祷告者"似乎不少。虽然许多人拥有较好的条件，包括天赋、家庭条件、社会地位等，然而终生却碌碌无为；与之相反，一些人生存环境恶劣，且厄运不断，然而最终却能成就大业。连接人生起点与成功彼岸的桥梁究竟是什么？追根溯源，透过纷繁复杂的表象，我们就会发现一个真理，这就是"做"！"做"是连接人生起点与成功的桥梁，而"不做"则是隔断人生起点与成功的深渊。

千里之行，始于足下。人生的真谛在于脚踏实地地去做。只有脚踏实地，你才能用勤劳的双手换得丰硕的果实，从而满足生活的基本需要；只有脚踏实地，你才能展现出思想的勃勃生机，从而领略社会原本的多姿多彩；只有脚踏实地，你才能感受人生的五味，从而尽情体验自然所赋予生命的固有本义……反之，你若仅是"动口不动手"或只有想法没有行动，那么生命中所有的色彩都会与你无缘。

　　只有努力去做，辛勤地付出劳动和汗水，你才能不断提高自身驰骋疆场、驾驭时空的能力；只有积极地去做，满怀激情地面对人生，你才能在生命的变化过程中寻找契机；只有坚持不懈地去做，充满信心地迎接生命中的风风雨雨，你才能从挫折和失败中汲取力量，从而在人生的道路上披荆斩棘，最终摘取成功之花。

　　一分耕耘就有一分收获。只要从"脚踏实地"开始，就能体验生命的乐趣，展现生命的风采；只要以"脚踏实地"为本，勤奋的人就会变为天才，人生就会耀出辉煌。

　　务实者才能成大事，而务实就是从实际出发，脚踏实地。

踏实务实，耕耘就有收获

你的舞台是自己走出来的

"一分耕耘，一分收获"，这是人人都熟知的道理。春种秋收，是自然界的发展规律，也是做大事、成就事业的一个规律。凡事要成功，必须经过艰苦的奋斗，只知享受，不知行动，想成就一番事业是不可能的。只有培养勤劳务实的习惯，才能换来不菲的收获。

相传，清朝有一个地主叫李放。他从小就痴迷道术，听人说崂山上有很多得道的仙人，就背上书籍前去学道。

李放慕名来到一座道观，在清幽寂静的庙宇中，有一位仙风道骨的老道士正在蒲团上打坐。只见他满头白发垂挂到身上，精神清爽豪迈，气度不凡。李放连忙上前磕头行礼，并且向他讨教。交谈中，李放觉得老道士讲的道理深奥奇妙，便一定要拜他为师。老道士说："只怕你娇生惯养，性情懒惰，不能吃苦。"李放连忙说："我能吃苦。"老道士的弟子很多，傍晚时他们都回到道观里，李放一个一个都见过后，便留在了道观中。第二天，李放拿着老道士交给自己的斧头随众人上山砍柴。

转眼一个月过去了，李放吃不消了，期间老道士未向他传授任何道术。他等不下去了，便去向老道士告辞："弟子从好几百里外前来投拜您，我这一片苦心不指望学到什么长生不老的仙术，但您不能传些一般的技艺给我吗？现在已经过去一个月了，每天不过是早出晚归在山里砍柴，我在家里，从来没吃过这样的苦。"老道士听了大笑说："我开始就说你不能吃苦，现在果然如此，明天早上就送你走。"

李放听老道士这样说，不甘心地说："弟子在这里辛苦劳作了这么多天，只求师父教我一些小技术也不枉我此行了。"老道士问："你想学什么技术呢？"李放说："平时常见师父不论走到哪儿，墙壁都不能阻隔，如果学到这个法术就满足了。"

老道士慷慨地答应了他，传授了他穿墙术的秘诀，然后让他自己念完秘诀后，喊声"过去"，就可以出去了。李放对着墙壁，不敢走过去。老道士说："试试看。"李放只好慢慢走过去，到墙壁时被挡住了。老道士说："要低头猛冲过去，不要犹豫。"当他照老道士的话再向前冲到墙壁处，真的未受阻碍，睁眼已在墙外了。李放高兴极了，又穿墙而回，向老道士致谢。老道士告诫他："回去以后，要好好修身养性，否则法术就不灵验了。"说完，送他一些路费，就让他回去了。

自认为得仙人真传的李放在家中自得不已，可以穿越厚厚的墙壁而畅通无阻了。他的妻子不相信，于是，李放离开墙壁数尺，低头猛冲过去，结果一头撞在墙壁上，立即倒地，头上撞了个大包。他受到了妻子的耻笑，又羞又恼，同时又止不住骂老道士没良心。

李放因为怕吃苦，不懂得付出才有回报，希望能够快速学会仙术，这种拔苗助长的行为让他一无所获。有很多人努力了，却为什么仍然没有成功。因为在他们的观念中，都有一个错误的认识，他们总认为自己的付出大于收获，付出总得不到回报。但事实又是怎样的呢？他们把收获完全等同于薪水、奖金了，他们认为自己为工作付出了那么多的汗水和时间，而有时候的努力得到的仅仅只是一声表扬，甚至只有一个赞许的目光和微笑，而这些与自己的辛苦工作根本无法画等号，这使他们觉得自己的努力被抹杀了，因而心理不平衡，进而影响到他们在以后工作中的表现。这种想法使他们消极地对待工作，做一天和尚撞一天钟。结果陷入了恶性循环中，工作越做越差。

大多数人只重视工作的待遇，计较自己的工资，却忽略了其他方面的回报，比如：在工作中认识的新朋友，拓宽了交际面；在工作中学到了新本领，开拓了新的生活领域；自身价值的提升，工作能力的提高；才能的最大限度发挥，实现自我价值，等等，这些都是你付出的回报，加上你领取的工资和奖金，这才是收获的全部。只是它们以不同的形式表现出来，但都来自于你的付出。其实，你的付出和收获之间也是守恒的。所以，你必须坚信，你只有脚踏实地去做，才能走上人生的舞台。

没有付出，就没有收获，只有务实的行动，才有真实的成就，这是亘古不变的法则。人在成就任何事情之前，都必须明白这个道理，任何投机取巧的行为只能让你获得一时的成功。但长期以这种侥幸的心理取胜，最终对你将是一种莫大的伤害。世界上永远没有一劳永逸的事情。要想得到，必须先付出。就像银行的存款一样，要想从银行取到钱，就必须先存钱进去。

付出就会有收获，但有时候你必须耐心地等到果实成熟的时候。就如同付出、等待、收获，这是质朴的农民千百年来所奉行的准则，这也是在职场获得成就的必经之路。很多人以为付出立即就能有收获，因此当他们不能马上看到结果时，内心的焦躁就占了上风，以为自己的付出是没有价值的，其实他们需要的只是静静地等待。

最简单的方法，最实在的成效

有位记者问一位成功人士："你的成功方法是什么？"那位人士很坚定地说："务实。"

很多人错误地认为，对于天才来说，踏实苦干是可有可无的。他们往往认为那些惊天动地的大事只有天才才能做到，如果自己也是天才的话，自然不费吹灰之力就能成为一个成大事者。甚至有更幼稚的想法：天才不需要刻苦学习，对规则和体制深恶痛绝，反对束缚，要求"潇洒自如"，对仔细分析事情发展、辛勤劳动不屑一顾。他们只要轻松一跃，在不经意中，成功就唾手可得，就能取得显著成绩。

亚历山大·汉密尔顿说："有时候人们觉得我的成功是因为天赋，但据我所知，所谓的天赋不过就是努力工作而已。""我实际上比任何一位在田野里耕耘的农夫都更苦更累。"英国画家密莱斯说。因为他作画的时候总是达到了忘我的境界。当他提到年轻人的时候，他说："我对所有年轻人的忠告是:'去工作吧!'不可能人人都是天才,但是人人都能工作。不工作的人,即使是天赋极高、绝顶聪明,也没什么出息。"

可见,即使是天才也必须经过勤奋努力的务实行动,才能获得成功。务实,看似简单,但它却能让你获得最实在的成效。

松下集团的创始人松下幸之助就是一个通过自己的勤奋取得成功的人,他说:"在我做学徒的7年当中,都是勤奋努力地学习,不知不觉地养成了这种习惯,所有他人不愿意做的工作,而我却不觉得辛苦,并且自觉地做下去,甚至有人认为'太辛苦'的工作,我却反觉得很快乐。事实上,在这个社会里,对有勤奋努力习惯的人,不太被人称赞是尊贵或伟大,也不会认为他们很有价值,但是,我认为大家应该无所顾忌地提升对具有这种良好习性者的评价,这样才算真正对勤奋习性的价值有所认识。"

付出才有回报,这是获得成功的最简单也是最有效的方法。我国著名数学家华罗庚教授有句名言:"勤能补拙是良训,一分辛苦一分才。"综观古今中外的历史,许多成大事者都是在走过艰辛漫长的勤奋之路后才攀上成功高峰的。

对于那些渴望成功的空想者们,他们认为只要作一次精彩演说,写一篇构思精巧的文章,或者是工作过程中偶尔的出色表现就能平步青云。他们从来都无视尽心尽力工作的意义,也没有对工作坚持不懈的信念,更不理解经年累月的辛勤劳作可以创造出奇迹的道理。

他们中的有些人的确天赋很高,但那些天资聪颖却疏于劳作的人,只是期待奇迹会出现,而不是付出劳动去争取,最终只能是两手空空,毫无收获。

在现代社会里,若想做出一番事业,务实努力的力量要远远大于天赋的力量。对于现代的年轻人来说,要避免耍小聪明,因为,想靠小聪明就赢得成功是根本不可能的。

有一种不幸,那就是你总是能自我感觉良好,觉得自己是个天才,觉得"一切都能轻而易举地得到",如果是这样的话,你应该尽快放弃这种错觉,一定要意识到:在有助于成功的种种因素中,务实工作总是最有效的,只有务实地工作才会使你获得自己想要的东西。

如果你想象那些成大事者一样得到成功，你就应该学会用务实的态度来对待生活。有些时候你不妨问问自己："我努力工作了吗？"用它来激励自己去认真对待一切事物。因为你明白自己是个平常人，即便有过人的才干，如果不采取任何有价值的实际行动，最终也会一事无成。

由此可见，在实际生活和工作中，不管做什么事情，都不会有什么绝招。大多数的工作都是一些琐碎的、繁杂的、细小事务的重复。这些事做成了、做好了，并不一定能见到什么成就；一旦做不好、做坏了，却会使其他工作和其他人受连累，甚至把一件大事给弄垮。

要知道，"牵一发而动全身"。如果你要想做好事情，只有务实，从一点一滴做起。

比如说景泰蓝工艺的制作是流水线作业，每一个环节出了问题都会影响到整个工艺。一个岗位一个人，一个萝卜一个坑，我们每天面对的都是相同的工作，单调而又枯燥，平凡而又简单，但是有一句话却道出了这种平凡的真谛，那就是：把平凡的事一千遍、一万遍地做好，就是不平凡。

不管什么事情，哪怕再小、再不起眼，哪怕根本不需要什么技巧与能力，也要持之以恒、日复一日地做好。坚持务实的态度，你就会打实成功的基石。如随手关灯，灯管不亮在当日就换好，开会时将手机调成静音，总在约见别人时提前5分钟到达等。如果你每天都能做到这些，这样的行动就是非常了不起的。

抱有务实心态去工作、去生活，其实就是成功的捷径——最简单的方法，最实在的成效。

务实，奠定成功的基础

有这样一道题：给你一张报纸，然后重复下面的动作：对折，再对折，不停地循环下去。当你把这张报纸对折了51次的时候，你猜所达到的厚度有多少？一个冰箱？两层楼？你能肯定这是你所能想象的最大厚度吗？但是在计算机的模拟演算下，得到一个惊人的结果，这个厚度接近于地球到太阳之间的距离！

这样简简单单的动作，却制造了一个惊人的结果。为什么看似毫无分别的重复，会出现这样的奇迹呢？换句话说，这种貌似"意外"的成功，根基何在？

秋千所荡到的高度与每一次加力是分不开的，任何一次偷懒都会降低你的高度，所以动作虽然简单却依然要一丝不苟地去做。

看来，只有务实，一步一步打实成功的基石，就能达到"水滴石穿"的惊人结果。

"脚踏实地，才能避免漂浮。"这是成功者不断勉励自己的至理名言。

飘而无根，就会随风摇摆；脚踏实地，才可震而不乱。要想成大事就要不断地对自己说这些话，不厌其烦地提醒自己，因为它对你是终身有益的。

务实，奠定你成功的基础，让你从芸芸众生中脱颖而出。只要你能全身心地投入到自己的工作中去。即使你的能力一般，也可以取得令人瞩目的成绩。

如果你想得到老板的青睐、同事的称赞，就要脚踏实地、勤勤恳恳、全神贯注、充满热情地工作。同时，你也向领导表明了你的忠心，使你更贴近领导，并且你的务实心态常常会感染别人，激励他人务实进取。

让领导放心的就是你这份务实的心态，影响领导的也是这份心态。老板不喜欢那种冷漠、粗心大意、懒惰的员工。

人们对待工作的不同态度，产生了不同的结果。因为，我们都知道一心一意和三心二意的结果有着天壤之别。

"来到这个世界上，做任何事都要全力以赴。"这句引自罗斯金的话，说得很有道理。我们来到这个世界，没有贵贱之分，没有高尚和卑微的职业之别，上帝要每个人都从事对社会有意义的事情，要每个人都在属于自己的行业里得到快乐与满足。

一件事情的好坏与否，关键在于你怎样去做。如果散漫对待，即使是称王拜相，也不过沽名钓誉；但若能务实以待、全力以赴，则一个小小的教书匠都可以变成大哲人。

英国哲学家约翰·密尔曾说："生活中有一条颠扑不破的真理，不管是最伟大的道德家，还是最普通的老百姓，都要遵循这一准则，无论世事如何变化，也要坚持这一信念。它就是在充分考虑到自己的能力和外部条件的前提下，进行各种尝试，找到最适合自己做的工作，然后集中精力、全力以赴地做下去。"

务实是快乐的源泉。约翰·密尔还曾这样解释过生活的准则："这条准则可以用一个词表达：工作。工作是生活的第一要义；不工作，生命就会变得空虚，就会变得毫无意义，也不会有乐趣。没有人游手好闲却能感受到真正的快乐。对于刚刚跨入社会门槛的年轻人来说，我的建议只是3个词：工作，工作，工作！"

有人这样说过："工作是人类与生俱来的权利，至今仍保存完好，它是最有效的心灵滋补剂，是医治精神疾病的良药。这从自然界就可以得到体现。一潭死水会逐渐变臭，奔流的小溪会更加清澈。如果没有狂风暴雨，没有飓风海啸，地球上会全部是陆地，空气也会静止不动，这样的世界就毫无生气。在气候宜人、四季温暖如春的地方，人们十分惬意地享受着生活，自然容易无精打采，甚至对生活产生厌倦。但是，如果人们每天要为自己的生计奔波、与大自然作激烈的搏斗，经受各种考验，人们就会精神抖擞，发挥出最强大的力量。"

由此可见，务实对我们的重要意义。务实并不等于原地踏步、停滞不前，它需要的是有韧性而不失目标，时刻在前进，哪怕每一次都只前进很短的、不为人觉察的距离。然而"突然"的成功大都来自于这些前进量微小而又不间断的"脚踏实地"。

"不积跬步，无以至千里；不积小流，无以成江海。"我们每天早起一点，就能用这有限的时间多做一些事情；我们每天对待工作认真一点，就会在工作上少一些阻碍，多一些舒畅。

因此，今后我们要脚踏实地地生活，脚踏实地地工作，脚踏实地地做人。务实，为我们奠定成功的基础。

培养务实心态，需从脚下做起

立足实际，拒绝大跃进

有人说："无知与眼高手低是年轻人最容易犯的两个错误，也是导致他们频繁失败的主要原因。"许多人内心充满了激情和理想，但在对待平凡的生活和琐碎的工作时，却不屑一顾；他们常常聚在一起高谈阔论，然而一旦面对具体问题，总是挑三拣四，结果什么也做不好。

每个人都希望有高位高薪，但有些人的期望过高。他们总对自己说："英雄须有用武之地。"然而面对平凡琐碎的工作时，他们总是心不在焉，并且会对自己说："如此枯燥、单调的工作，如此毫无前途的职业，根本不值得我付出心血！"当他们身处困境时，通常会说："这种平庸的工作，做得再好又有什么意义呢？"渐渐地，他们开始轻视自己的工作，开始厌倦生活。

立足于实际是务实精神的基础，而好高骛远者恰恰不能做到这一点。可以说，脱离实际、期望大跃进和创造奇迹就如同好高骛远者的专利一样与其形影不离。他们盲目相信奇迹能够突然降临；他们不相信成功需要经过坚持不懈的长期努力、一步一个脚印地走出来，而是相信自己只用一步就可以踏上阳光大道；这些人的理想可能比其他人的目标更"远大"。

事实是，只有建立在现实基础之上的理想和自信才有助于我们获得成功。如果我们的理想远远地脱离实际，而且所谓的自信实际上已经演化为自负，那反而会阻碍我们的成功。

奇迹不会凭空降临，那些好高骛远的空想家们却一直痴痴地幻想奇迹会发生在自己身上。当别人劝告他们不要过于脱离实际时，他们不但不知反省，反而还振振有词地以"燕雀安知鸿鹄之志"来加以反驳。结果呢？当发现奇迹不会降临时，他们就一蹶不振、萎靡颓废。其实，幻想奇迹会降临到自己身上的空想家在工作和生活中有着各种各样的表现：他们经常试图逃避努力，好逸恶劳；总想体验痴心妄想时的快乐；不喜欢做分内之事，想要逃避责任。而这些表现实际上都体现了一个实质，那就是不能直面现实，希望不劳而获。

相信大跃进般的奇迹会降临的空想家实际上就是希望不劳而获，不论他们是否承认，这都是一个铁定的事实。这种浮躁心态的存在注定会导致人们的失败，当一直以来幻想的奇迹都没有发生却遭遇到现实的沉重打击之后，如果不能深刻地对自己的思想和行为加以反省，在巨大的心理落差面前，他们会愈加浮躁，最终只能面临彻头彻尾的失败。没有人希望自己成为一个彻头彻尾的失败者，但是却有很多人渴望奇迹凭空降临到自己身上，这不能不说是对空想家们的一种讽刺和嘲笑。

那些空想家只是纸上谈兵，而纸上谈兵的人永远无法取得成功。为什么华盛顿、林肯这样的伟人永远只是少数，因为世界上有着成千上万个和他们一样富有理想的人，却由于眼高手低心态把机会扼杀了。

在成功的定律中，理想是改变命运、决定成败的先决条件，目标是方向，方法是工具，然而，只有脚踏实地地采取行动，生命才会变得有意义。

我们或许也曾有过伟大的理想，但是却总是摇摆不定将理想变成泡沫。仅仅有理想是不够的，如果没有行动你将永远停留在起点上。尽管行动并不一定会带来理想的结果，但是不行动则一定不会带来任何结果。

不要让眼高手低的心态束缚了你的手脚，立足实际工作中的每一件事，不论大小都值得用心去做，而且对于那些小事更应该如此。无论你的职位如何，如果你能像那些伟大的艺术家一样投入全部精力去工作，所有的疲劳和懈怠都会消失殆尽。

那些在事业上取得一定成就的人，无一不是从低微的职位上一步一步走上来的。对他们来说，能创造奇迹的不是凭空想，而是脚踏实地、立足实际去实干。他们总能在一些细小的事情中找到个人成长的支点，不断调整自己的心态，用恒久的努力打破困境，走向卓越与伟大。这就是他们的"奇迹"。

深陷于对未来的空想是没有前途的。你正在从事的职业和手边的工作是你成功之花的土壤，只有将这些工作做得比别人更完美、更正确、更专注，才有可能将寻常变成非凡。

认清自我，知道自己能做什么

人生重要的是要认清自我，知道自己能做什么，这样才能够找到最适合自己的位置，找到最适合自己的发展道路——这是对自己的诚实和务实。坐在自己应该坐的位置上，才最心安理得，也最能坐得长久。

美国营销学会曾经评选过有史以来对美国营销界、企业界影响最大的观念——不是大卫·奥格威的品牌理论，不是劳斯·瑞夫斯的 USP 理论，而是赖兹的定位理论。由此可见，一个人能够认清自我，给自己一个准确的定位是多么重要。没有准确的定位，人就不能够从实际出发。务实，正确实践自己的理想。

每个人都能够在社会中找到适合自己的工作，并且把它做好。但并不是每个工作你都能做得最好。你需要寻找一个你最热爱、最擅长，能够做得最好的工作。

认清自我就是知道自己到底要成为一个什么样的人，自己的生命目的是什么，自己的核心价值观是什么。什么工作对自己来说是最好的工作，什么工作自己才能做得最好。

一个人知道自己能做什么，有清晰的人生定位，就可以坚定自己的信念。可以明确自己的能力所在，可以发挥自己的最大潜能，可以实现自己的最大价值。毕竟，人生有限，我们没有太多的时间浪费在飘摇不定中。

的确有很多人仍处于"雾里看花"的阶段，他们整日为自己的位置而奔波忙碌，或者从一个位置跳到另一个位置，结果不但跳得眼花缭乱，而且伤痕累累。不知道是这个社会不容自己，还是自己不适合这个社会。这样的人埋怨位置太少、伯乐太少，也埋怨竞争力太强而活着太难。其实，你的伯乐就是你自己。

在认清自己的过程中，不可能不考虑到自然、社会环境因素对一个人人生过程的影响。如果他对影响人生的各种因素认识不清，就不可能找到自己最恰当的位置，不能找准自己的角色。快乐、财富、自我实现、朋友……都没有了，人生还有什么意义？

认清自我本来是人们认识世界、改造世界的基础，也是人们不断完善自我、实现成功的基础，但是那些把事业、理想、成功，以及完善自我等词语挂在嘴边的人常常缺少对自我的足够认识。他们华而不实，没有务实的精神。正如西班牙作家塞万提斯笔下的堂·吉诃德，他试图承担起拯救世界的重责，但是却连自己到底是谁都不知道，结果他只能在虚幻的世界里与风车战斗，成为别人的笑柄。

一个能够全面认识自己的人不仅要从内在分析自己的能力结构和素质水平，还应该借助外界环境作参照，找出自己的优势和不足，加以完善。

认清自我就要立足于自我，从自己的实际工作出发，随时审视自己周围的环境条件是否发生了变化，实实在在地评价自己、认识自己。能够做到这些的人才算是做到了务实，也只有这样的人才能在不断超越自我和完善自我的过程中实现更大的人生价值。如果一个人自己没有足够的认识，也不肯静下心来认真思考自己所处的环境，而是将失败的原因转嫁于外界因素，那么他就只能在指责与埋怨中抱憾终生。

要认清自我，做自己能做的事，我们首先强调做那些真正适合自己并有利于自身长远发展的事情。所有人都希望自己有一个美好的未来，希望自己的事业能够持续发展，但是很多人却常常背离了自己的愿望，这是因为这些人根本就不知道自己适合做什么，不能量力而行。他们或是觉得自己大材小用；或是抱怨自己生不逢时。

要想真正找到有利于自身长远发展的事情，仍旧需要从实际出发，认清自我：

(1) 清楚自己的才干和潜能，即知道自己擅长什么。

(2) 应该知道哪种工作能够最大限度地激发自己的工作热情和内在潜能。

(3) 知道自己的风险承受能力有多大，这将关系到你日后在工作中能够接受的挑战数量和难度。

(4) 了解你对挫折的忍耐力，任何工作都不是一帆风顺的，如果你不能在一定范围内克服困难、抵御逆境，那你日后的事业必定会受到很大的影响。

认清自我，就要立足于实际，发挥务实精神，对自己各方面的条件进行全面权衡之后，你就会知道自己能做什么。

但是，在正确认清自我的过程中，最大的阻力不是来自周围的压力，而是我们自己。任何人都会认为自己才是最了解自己的人，但事实上真的如此吗？不然。

自己的事情似乎自己应该完全了解，然而人们却常常发现自己其实并不了解自己。

每个人都会存在自卑与自负的心理，这让我们过低或过高地评估自己。有的人对于自己的优点视而不见，却总是拿自己的短处去比别人的长处；有的人则是过分忽略自己的缺点，总是自以为是、唯我独尊。

任何人都有优点和缺点，如果能够知道自己的缺点，并加以克服和改正才是最重要的。要改善之前必须能了解自己的缺点，并且坦率地承认自己的缺点。但最重要的是能正确地评估什么是自己的长处和优点，把这些长处和优点找出来，发展它并活用它。

有人把对自我的定位比做是鞋，把人生比做是脚，脚穿上鞋的目的是保暖和走路，但主要目的是为了走路。路虽然是脚走出来的，但走什么样的路、走多远的路、走路的姿态、走路的心情都和鞋有关。所以，我们一定要找对自己的鞋，要合适才行。

我们生活得好与坏，事业成功与失败，取决于我们在什么样的位置上扮演什么样的角色，什么样的角色决定什么样的价值。我们可以从哲学上的关系来描述它们：位置决定角色，角色体现价值。我们只有在合理、合适的位置上扮演好自己的角色，才能体现出自我的社会价值。

认真规划，知道自己要做什么

在美国，曾经有一个生活在贫民窟的 10 岁小男孩，他身体非常瘦弱，却在日记里写道：立志长大后要做美国总统。但如何能实现如此宏伟的抱负呢？经过几天几夜的思索，他拟定了这样一系列的连锁目标：

做美国总统首先要做美国州长→要竞选州长必须得到实力雄厚的财团的支持→要获得财团的支持就一定得融入财团→要融入财团就最好娶一位豪门千金→要娶一位豪门千金必须成为名人→成为名人的快速方法就是做电影明星→做电影明星的前提需要练好身体，练出阳刚之气。

按照这样的规划，他开始一步一步实施他的计划。一日，当他看到著名的体操运动主席库尔后，他相信练健美是强身健体的好途径，因而萌生了练健美的想法。他开始刻苦地练习健美，他渴望成为世界上最结实的壮汉。3 年后，凭借着发达的肌肉和雕塑似的体魄，他开始成为健美先生。

短短的几年时光，他包揽了欧洲、世界、奥林匹克的"健美先生"美誉。在 22 岁时，他踏入了美国好莱坞。在好莱坞，他花费了 10 年时间，利用在健美方面的成就，用心塑造坚强不屈、百折不挠的硬汉形象。终于，他在演艺界声名鹊起。当他的电影事业如日中天时，女友的家庭在他们相恋 9 年后，终于接纳了这位"黑脸庄稼人"。他的女友就是赫赫有名的肯尼迪总统的侄女。

恩爱的婚姻生活过去了十几个春秋。他们有了 4 个孩子，建立了一个典型的"五好"家庭。2003 年，年逾 57 岁的他退出了影坛，转为从政，并成功地竞选成为美国加州州长。

他就是阿诺德·施瓦辛格。他的经历让人们想起了这样一句话：思想有多远，我们就能走多远。

从穷小子到美国加州州长，在一般人看来，这是一个多么荒谬的想法。但施瓦辛格却没有被自己的处境吓倒，他认真规划自己的人生，知道自己要怎样做，才能将这个"天方夜谭"似的梦想变成现实。

做白日梦的人很多，有人梦想成为阿尔伯特·爱因斯坦、斯蒂芬·霍金，有人崇拜比尔·盖茨，还有人喜欢成龙、乔丹……每个人都有自己心目中的偶像，并渴望有一天自己能够成为他们的"复制品"。但这种良好的愿望却总是难以实现。固然会有很多的客观原因，如个性、环境、智力等的影响。但这并非主要原因，最关键的是，他们只流于空想，不能为自己认真规划，像一只无头苍蝇茫然无措。

认真规划，为自己设计一份职业生涯蓝图，必须是在充分且正确地认识自身的条件与相关环境的基础上进行。对自我及环境的了解越透彻，越能做好职业生涯规划。因为职业生涯规划的目的不只是帮助你达到和实现个人目标，更重要的也是帮助你真正了解自己。正如社会学家麦克·法兰德所说："职业生涯是指一个人根据理想的长期目标所形成的一系列工作选择，以及相关的教育和训练活动，是有计划的职业发展历程。它也是个人职业与组织、社会关系的总称。为什么要从被动中寻找主动的作用空间，也就是回答我们为什么要进行职业生涯规划的问题。"没有规划的职业生涯最终会失去方向，事倍功半。要得到良好的职业发展，必须事先就有规划，根据外界职业环境、个人素质条件，设计规划自己的职业生涯，明确自己的长期目标是什么，中期的阶梯在哪里，短期的门径是什么。这份设计清楚地告诉我们要做什么。

正确的职业生涯规划是在认清自我、知道自己能做什么的基础上，对自己进行认真规划，知道自己要做什么，对影响职业生涯的各种主客观因素进行分析、总结和预测，确定一个人的人生发展目标，选择实现这一目标的职业，编制相应的工作、教育和培训等行动计划，对每一步骤的时间、顺序和方向做出合理的安排。具体来说，个人制定成功的职业生涯规划应遵循下列原则。

1. 长期性

规划一定要从长远来考虑，只有这样才能给人生设定一个大方向，使你集中力量紧紧围绕这个方向做出努力，最终取得成功。

2. 可行性

规划要有事实依据，要根据个人特点、企业发展需要和社会发展需要来制定，不能设立不着边际的梦想。

3. 清晰性

规划一定要清晰、明确，能够把它转化为一个个可以实行的行动，人生各阶段的线路划分与安排一定要具体可行。

4. 适时性

规划是预测未来的行动，确定将来的目标，因此各项事情何时实施、何时完成，都应有时间和时序上的妥善安排，以作为检查行动的依据。

5.适应性

规划未来的职业生涯，牵涉到多种可变因素，因此规划应有弹性，以增加其适应性。

6.挑战性

规划要在可行性的基础上具有一定的挑战性，完成规划要付出一定的努力，成功之后才能有较大的成就感。

7.持续性

人生的每个发展阶段应能连贯衔接，各具体规划与人生总体规划一致，不能摇摆不定，浪费各发展阶段的人力资本。

付诸行动，莫让梦想成为空谈

有人说，天下最悲哀的一句话就是：我当时真应该那么做却没去做。世上的事情没有绝对完美，如果要等所有条件都完美以后才去做，那只能永远等待下去了。人生短暂，倘若不想成为生命中的过客，那么，与其坐而论道，不如起而躬行。

所以，有了梦想，你就应该立即付诸行动。

梦想是比较模糊的、短暂的，具有强烈的不定性。有些人今天对自己的未来充满着憧憬，但也许一夜之间，就忘得一干二净，然后对另一种生活开始执着起来。

行动能够帮助你将这种梦想的不定性消除。目标进一步明晰梦想，使你前进的道路变得有序和清晰，每一阶段的任务都一层层展现在你的面前，让你知道如何去行动。

无论是梦想还是目标，都是很容易制订的，难的是付诸行动。梦想和目标都可以坐下来用脑子去想，但实现它们却需要切实的行动，只有行动才能化目标为现实。

许多人都为自己制订了详细的人生目标，从这一点来说他们似乎可称为谋略家。但是，他们中的大多数人制订了目标之后，便把目标束之高阁，没有投入到实际行动中去，结果到头来仍然是一事无成。

目标已经制订好了，就不能有一丝一毫的犹豫，而要坚决地投入行动。观望、徘徊或者畏缩都会使你延误时机，以致使计划化为泡影。

行动是打开梦想与实现之间大门的钥匙。枯坐在那儿想打开人生局面，无异于痴人说梦。只有靠自己的双手，行动起来，才能有成功的可能。

香港大富豪杨受成被称为"钟表大王"。他的父亲在九龙窝打老道及弥敦道交界开了个天文台表行。他在为父亲做帮手的过程中，逐渐对做生意产生了浓厚的兴趣。之后，他经常钻研赚钱之道，期望自己有朝一日能成为大富豪。

杨受成的"大富豪"梦想并没有只是流于空想，而是根据自己做帮工的经验摸索出一个规律——游客的消费力最强，与游客做买卖利润最大。

杨受成大胆地行动，与其在店里守株待兔似的做买卖，不如主动走出去寻找顾客。于是，他开始到码头带领一些澳洲游客返回天文台表行买表。首次主动出击寻找游客就获得了成功，这鼓起他更大的勇气。

杨受成又到机场设法和一些导游取得联系，许予优惠，又采取给介绍客人的酒店司机、裁缝师傅以回扣的方法，这些办法个个奏效，更多的游客找上门来做买卖，营业额直线上升。

后来，杨受成干脆跑到日本和当地的旅行社联系，让他们安排游客到表店购物，此举又获得了成功。

主动找顾客，这就是杨受成总结出的经营策略。这一决策包含着他的聪明才智与勤奋努力，也包含着他直面人生、英勇拼搏的精神。主动找顾客，使小小的杨家钟表店赚到了第一个100万。在杨受成的商路上，固然有远大的梦想，但更有为实现梦想所付诸的实际行动，这些行动支持着他，让他走向成功。

正如本文前面所说的一句话：与其坐而论道，不如起而躬行。面对人生、面对梦想，怀有务实的心态，付诸实践，才能让你的梦想不成为空谈，更不会是笑谈。

坚持到底，尽全力实现目标

在目标的实现过程中，我们总会遇到很多困难。正因为有了它们的存在，我们的知识和才能才有了用武之地；正因为有了无所不在的困难和挫折，我们内在的自我潜能才能得到更深层次的挖掘和利用。所以，逃避困难的行为不仅是不现实的，而且还极不利于我们自身的进步和企业的持续发展。为此，我们不但不能逃避困难，而且还应该以更加积极的心态主动迎接困难，通过自己坚持不懈的努力最终克服困难、实现成功。

坚持到底，是务实的必备要素，也是成功的重要条件。如果失去了这些条件，即使你才识渊博、技能熟练，也无法成功。

卡勒先生说："许多青年人的失败，都应归咎于他们没有恒心。"的确如此，大多数青年，虽然都颇有才情，也都具备成就事业的能力，但他们缺乏恒心、缺少耐力，只能做一些平庸安稳的工作，一旦遭遇些微的困难、阻力，就立刻退缩下来，裹足不前。可见，不屈不挠、百折不回的精神，是获得胜利的基础。

一旦你拥有坚定执着、永不放弃的品质，不论在任何地方，你都不难找到一个适当的职位。反之，如果你自暴自弃，只知道糊里糊涂地依靠别人，迟早会被人踢到一旁的。

换种思维考虑，困难其实就意味着机会，解决问题，你就能够实现成功。如果我们能够看清困难背后的现实意义，抱着务实的心态去面对每一项任务，一步一步地坚持努力，那我们终将克服这些困难，远大的目标也会在这一步一步的努力中最终得以实现。

如果我们害怕困难，把执行任务过程中的每一次挫折都看作天灾一般，如果因为恐惧而在挫折面前退却，那么困难永远都不会得到解决，它们永远都是我们成功道路上的绊脚石和拦路虎；如果我们不被困难所吓倒，如果我们勇敢地迎接挑战，并且尽自己的全部努力来克服困难，那么困难就会被我们所打败，它们就会成为我们成功道路上的垫脚石。在克服困难的过程中形成的坚强意志、大无畏的勇气、坚定的信心以及汲取到的宝贵经验和教训，这些都会为我们日后取得更大的成功创造有利条件。

在通往成功的道路上，你只有充分发挥自己的天赋和才能，才能找到一条连接成功的通天大道。一个下定决心就不再动摇的人，无形之中能给人一种最可信任的保证，他做起事来一定勇于负责，一定有成功的希望。因此，我们做任何事，事先应固定一个尽善的主意，一旦主意打定之后，就千万不能再犹豫了，应该遵照已经定好的计划，循序渐进地去做，不达目的绝不罢休。

成功者的特征是：绝不因受到任何阻挠而颓丧，只知道盯住目标、勇往直前。世上绝没有一个遇事迟疑不决、优柔寡断的人能够成功。

获得成功的前提就是坚持。人们最信任意志坚强的人，当然意志坚强的人有时也许会碰到困苦、挫折，但他绝不会惨败得一蹶不振。

只要能够坚持到底，一个庸俗平凡的人也会有成功的一天，否则即使是一个才识卓越的人，也只能遭遇失败的命运。

正是因为有了坚持到底的品质，才有了埃及宏伟的金字塔，才有了耶路撒冷巍峨的庙堂；正是因为有了坚持到底的品质，人类才消除了新大陆的各种障碍，建立起了人类居住的共同体；正是因为有了坚持到底的品质，人们才登上了气候恶劣、云雾缭绕的阿尔卑斯山，才在宽阔无边的大西洋上开辟了通道。坚持到底的品质让天才在大理石上刻下了精美的作品，在画布上留下了大自然恢宏的缩影；坚持到底创造了纺锤，发明了飞梭；坚持到底使汽车变成了人类胯下的战马，在天南地北往来穿梭；坚持到底把对大自然的研究分成了许多学科：探索自然的法则、预言其景象的变化、丈量没有开垦的土地；坚持到底还让白帆撒满了海上，使海洋向无数民族开放，每一片水域都有了水手的身影，每一座荒岛都有了探险者的足迹。

坚持到底，这是成功的必经之路，唯有坚持，才能有丰收的果实。

第八章

创新心态：
挑战成功的极限

解读创新心态

创新是对过去的颠覆

过去的守旧观念来自传统社会。"过去"是与"传统"相对的，在传统社会中，整个社会自上而下形成一个稳固的金字塔，社会主体是单一的而不是多元的，所以极少发生横向之间的竞争。没有冲突，当然就不需要创新，人们已经习惯于依照"老规矩"办事。

传统社会对于人们的独立思考和创新精神是极端仇视的，因为创新将会破坏传统观念，导致社会的不稳定。

想要创新，就要颠覆过去守旧的传统。

在现实生活中，敢不敢大胆思考、敢不敢反对旧传统是十分重要的。有的人总是按照权威的言论或现成的理论去思考问题，这样必然会抑制自己的创造性。

要创新，就必须要有打破常规的决心，就要对具体问题进行具体分析，不敢打破常规者，他的事业将注定不能有大的发展。只有变化，只有创新，才能出奇制胜。

《老子》："反者，道之动也。"意思是一种反常规的做法往往是万事万物运行规律的体现，这也说明了"成大事"一定要具体问题具体分析，绝不能墨守成规。

英国著名哲学家培根在《论革新》中这样说道：

"毋庸置疑，约定俗成的惯例虽然并不十分完善，但却也是适用的。而且，那些长期互相关联的事情，看起来彼此之间相辅相成，而新事物则是很难与它相融的，新生事物固然因为它的特长显示出旺盛的生命力，但是因为它与旧的环境不协调因此难免会招惹麻烦。还有，新生事物就好像客居他乡的外来人，羡慕的人多，而追随的人少。

"历史流转不停，如果不能随着时间的推移而改变，而是一味地恪守旧俗，那么，这本身就会导致混乱。顽固坚持旧传统的人也就难免会成为现实的笑柄。有志于改革的人，最好是以时间为利器。时间流逝，它在运行中更新了世间的一切，而表面上的一切却似乎并没有改变。假如不是这样，新事物出现得太突然，那么就难免会遇到强大的反对力量。"

创新是一条荆棘丛生、坎坷不平的道路，对一个胆怯的人来说，往往会望而生畏、却步不前；而对一个创新者来说，创新首先碰到的是敢不敢走、敢不敢想的问题。

天文学家勒莫尼亚，从1750到1769年，先后12次观察到天王星，完全有条件获得重大的发现。但他受当时"太阳系的范围只到土星为止"这个观念的束缚，不敢提出自己的见解，使这颗行星多次"被看见而未被发现"，直到1781年才由赫舍尔加以认定。

这表明主体受到某些观念或心理影响不敢大胆思考时，就会"视而不见"，否认事实，甚至颠倒黑白，这样的结果是根本不可能有创造性的发现。

创新，其前提是必须敢于打破常规，不被过去的权威所迷惑。

权威人物在某些问题上具有权威性，并不等于对所有的问题的看法都是正确的。许多权威，包括爱因斯坦、爱迪生在内，都在某些问题上犯过错误。核物理学之父卢瑟福，在核物理学方面是权威人物，他虽然清楚地了解原子核内部蕴藏着巨大的能量，但又说："那些指望通过原子核衰变而获得能量的人，都是胡说八道。"后来，人类利用原子能的事实，证明他错了。权威，仅仅说明是在某一领域有深入研究，比别人看得深透，其成果要大于别人，但权威并不是客观存在的绝对真理。所以，我们一旦发现错误，就应该勇敢指出，这样才能有所发展创新。

不要被过去的观念所束缚。

思维受到了某些常规、传统、偏见或书本上的某些理论的束缚，因而也就不敢大胆思考了。1774年，英国化学家普列斯特列早就发现了氧，但由于他受传统"燃素说"的束缚，不敢提出自己的理论，因而把即将到手的成功给丢了。最后被同时期的舍勒抢走了头功。被固有的思维所束缚的人，就像契诃夫小说中"装在套子里的人"那样，因循守旧、害怕变化。他们的思想僵化，无法适应新形势的变化，结果错失了很多机会，被时代抛弃。打破思维定式，随着时代的发展，时时更新你的思想，这样才不会被过去束缚住，而成为一个具有"颠覆性"的"新新人类"——创新人才。

创新是对未来的创造

试想，1000年前的人们看到现在的世界会有什么样的想法？他们一定会觉得能创造出这么多神奇而美妙的东西太不可思议了！事情就是这样，当莱特兄弟的邻居们看着他们一次又一次试图坐着那个古怪的东西飞上天时，一定觉得他们俩疯了，不是吗？连当时的许多有声望的学者都断言：比空气重的东西不可能飞起来。他们何曾想到未来50年后普通人也可以坐着飞机周游世界。

当年，亚历山大·格雷厄姆·贝尔发明的第一部电话机在费城的世界博览会上展出时，一位当时著名的科学家声称：这东西只能当玩具，不会有实际用途。如果他知道100年后的今天，电话已经成为人们须臾不可离的必需品时，不知会做何感想。

未来就是这样在人们的一片摇头中被创造出来的。因此，今天的人们对任何新东西都习以为常，就算克隆技术这样的惊世之举也没有令我们茫然失措。

创新，给了我们一个全新的未来世界。只要人们在头脑中所能想到的，几乎都可以转化成为未来的现实。可见，创新是对未来的创造。

创新的目的是适应客观世界的发展和变化。不管人们承认与否，认识与否，这种变化总是要出现，总是要进行的。当人们认识了这种发展变化的规律时，就能够主动地适应它；但若无法认识，便会被变化所抛离，受到变化的惩罚。这种认识不应该在受到惩罚时才产生，而应当在事物变化已经呈现趋势状态时，就应当把握它。由于人们的观念是对客观世界的反映，由于客观世界是不断发展变化的，因此，创新观念是对客观变化的一种能动反映和反作用。

创新是对未来的创造，着眼于预见客观世界发展变化的未来趋势。世界的发展也许不能从一开始就被所有人都认识和把握的，特别是变化在人们的感知中，还表现为零乱的和无序的状态时，很多人往往不能梳理这些零乱的思维，无法将它们上升为理性认识。创新观念作为人类思维的一种主观能动性的表现，其着眼点就是要从客观世界零乱和无秩序的现象中归纳、升华其规律性和趋势性。

如果能够把握客观世界发展变化的趋势，在客观世界发生了变化的同时，主动调节自身的行为，就可以做到少受惩罚或不受惩罚；当客观世界每发生一定变化，人们就已经认识它、感知它时，人类行为的盲目性就会大大减少。要做到这一点，关键在于人们能不能把握客观事物变化的规律，如果说观念创新是人类为了适应外界环境变化的话，那么这种适应的着眼点则是把握未来的趋势。

创新的落脚点是观念与世界变化的吻合。世界是一个变化的过程，人们为了能够适应世界的变化，就要不断改变观念。所以，创新是一个动态的过程，这个动态过程既来源于客观世界的变化，也要用客观世界的变化及其规律来检验其正确性。因此，科学合理的观念创新应当是客观世界变化的更新反映，应当以客观世界发展变化为出发点和落脚点。

创新的内涵应当归纳为创新来源于客观世界的变化，是人类主动适应客观世界变化的体现。创新的目的是适应未来世界的变化。

创新心态，走向成功的核动力

创新——点石成金

从古至今，人们总是在苦苦追寻点石成金的"法术"。殊不知，这一宝藏就在自己的身边——创新，就可以把垃圾变成金子。

曾经有一对犹太父子商人在休斯敦做铜器生意。父亲生前曾这样教导儿子："1磅铜的价格是多少？"儿子答："35美分。"父亲说："对，整个得克萨斯州都知道每磅铜的价格是35美分，但你应该说3.5美元。你试着把1磅铜做成门把手看看。"

父亲去世之后，儿子独自经营铜器店。他按照父亲的教导，将原料的价值进行升级，做过铜鼓，做过瑞士钟表上的簧片，做过奥运会的奖牌。这时的1磅铜价格不是35美分，而是3500美元！这时他已是麦考尔公司的董事长了。

对这个犹太商人来说，价值的升值空间是无限的。他运用创新思想，将一堆垃圾变成了"黄金"。

1974年，美国政府为清理那些给自由女神像翻新拆下的废料，向社会广泛招标。很多人认为，那只是一个处理垃圾的赔钱生意。结果好几个月过去了，没人应标。正在法国旅行的他听说后，立即飞往纽约。看过自由女神像下堆积如山的铜块、螺丝和木料后，他未提任何条件，立即就签了字。

他的这一举动受到了很多人的嘲笑。因为在纽约州垃圾处理有严格的规定，弄不好会受到环保组织的起诉。

许多人把他当作傻瓜，等着看他的笑话。但他毫不理会，开始组织工人对废料进行分类。他让人把废铜熔化，铸成小自由女神像；再把木头加工成木座；废铅、废铝做成纽约广场的钥匙。最后，他甚至把从自由女神像身上扫下的灰尘都包装起来，出售给花店。

仅仅3个月，这堆一文不值的垃圾就升值到了350万美元，每磅铜的价格整整翻了1万倍。

犹太商人的思维便是点金石，他把别人眼中的垃圾变成了"黄金"。可见，创新的魔力是有多么的大。

其实，在中国也有这样"点石成金"的例子。

如今青岛港是令人羡慕不已的20万吨原油码头，但又有谁知道它曾是一个令人头疼的垃圾工程。

1988年，由于有关部门对于胜利油田产油量的错误判断，便决定投资3亿元人民币在胶州湾的黄岛（地处青岛对面）修建大吨位原油输出码头及从油田到青岛港的输出管道。然而，等码头修好了，却没人敢验收。因为胜利油田的原油不仅没有增产，反而持续下滑，直至后来外输管道滴油不出！这时，整个工程都处于闲置状态。青岛港每年仅维护就要花费300万元，一年仅处理的管道铁锈就达8吨。一时间，看不到前景的黄岛码头对于青岛港成了"刺猬"，非常难以处理。

青岛港新任掌舵人常德传上任后，却果断决定验收码头。为什么要冒此风险？所有人都不解。

因为常德传在这个"垃圾"码头中看到了"黄金"：20世纪90年代初的中国宏观经济正在蓬勃发展，而内地油田早已力不从心，因此他已提前预计到：大量原油进口将在不久以后成为中国发展经济的必然选择。这样，原来荒废的输出管道只要掉转方向，转为输入管道，就可大派用场！

与此同时，国际航运界正在发生变化：为了节省成本，油轮吨位迅速大型化，10万吨以上的大型油轮比比皆是，而国内港口原油码头的承载力还普遍偏小。

为此，常德传决心不仅要验收启动黄岛码头，还要投巨资把它建为国内最大的20万吨的原油码头！于是，他迅速组织动员了近4000人对整个黄岛码头的设备进行全面维修，于1993年被国家有关部委成功验收。

问题仍然不断：虽然港口能停靠大型油轮了，但港口只有4个地下油罐，储油能力仅为8万立方米。有了这块"短板"，还是引不来船主。而常德传的自强性格又使他不愿总是依靠胜利油田的储油罐，于是在20万吨码头通过验收的同时，青岛港就开始自力更生，筹资16亿元自建油罐。直到1995年全面启动，青岛港一共建成了180万立方米的气势恢宏的大油罐群。青岛港依靠在原油反输、存储、中转等业务上的优势，再加上优质的服务，吸引了大量货主和船主，如今已成了全国最大的原油进口中转基地。

其实，每个事物都存在正反两方面，是"垃圾"还是"黄金"只在你的脑袋中。只要拥有无限创意，垃圾也能变成黄金。

美第奇效应

想要知道"美第奇效应"，我们首先就必须知道它的来历。

美第奇是意大利佛罗伦萨的银行世家，曾出资帮助过各种学科、众多领域里锐意创新的人。由于这个家庭以及几个有着相似背景的其他家庭的鼎力相助，雕塑家、科学家、诗人、哲学家、金融家、画家、建筑家齐聚佛罗伦萨。居住在这所城市里面，他们互相了解，彼此学习，从而打破了不同学科、不同文化之间的壁垒。他们共同创造的思想，开创了人类历史上一个新的思想纪元，这便是后来被人们称为"文艺复兴"的那个时代。这种情况使得这个城市成为创造力爆炸中心，这一时期也是最具有创造力的历史时期之一。时至今日，人类仍然能够感受到美第奇家庭当年的影响。

当思想立足于不同领域、不同学科、不同文化的交叉点上，可以将现有的各种概念联系在一起组成大量不同凡响的新想法。这种现象便被称为

"美第奇效应"。

不同领域的知识交叉中，就会激荡碰撞出思想的火花，我们往往能获得出其不意的创新。人们从文艺复兴中得到很多启示，在《美第奇效应》一书中，创新专家弗朗斯·约翰松则把文艺复兴归功于各学科众多领域的人，如雕塑家、科学家、诗人、哲学家聚集到佛罗伦萨，他们相互了解、相互学习，打破不同学科、不同文化的壁垒，使得人类的创造力爆发。在弗朗斯所称的不同领域的"交叉点"，我们能发现很多以前从未触及过的新想法。弗朗斯认为，当我们把几个看似毫不相关的领域联系在一起后，就能发现"改变自身、改变组织行为，从而最终在一定程度上改变我们这个世界的思想"。

关于创新的美第奇效应，有人是这样诠释的。

1. 多样化

思想交叉，首先要多样化：有各式各样的人，每个人都涉足几个领域，并且在工作、专业之外有着多彩的生活。

2. 消除壁垒

拥有多样性为创新提供了可能条件，要让这些可能条件变成创意，则需要消除阻碍这些领域交叉起来的壁垒。

最大的壁垒可能存在于我们的大脑中：我们是认为所有事物都相互关联，还是认为它们是相对独立的？有创意的人常常持前一种看法。但是，现在的教育通常是后一种看法主导的，分门别类地教授各类知识技能，却很少把它们联系起来、从整体掌握。因此，教育在提高我们专业知识的同时，也加高了各个领域之间的壁垒。

3. 转换视角

转换视角，可以让我们脱离固有的思维视角，可以看到新世界。创新的核心概念是：一个人必须解放自己的头脑去想象一切想象的世界，去观看现象之外的世界。达·芬奇相信："为了彻底了解某件事情，一个人需要从至少3个不同的角度去看待问题。"

创新，需要跨越看得见和看不见的障碍，站到多个领域的交叉点，从尽可能多的、不同寻常的视角探索，我们立刻就会发现无数令人惊奇的创新想法。

　　虽说我们不是文艺复兴时期的文艺大师，但是创新不分高低，我们同样也可以创造"美第奇效应"。我们也能够点燃智慧的火花，让伟大的思想之火熊熊燃烧。我们可以把不同的学科、不同的文化汇集在一起，找到它们之间的联系，进而创造出一个新的创造点来。

　　在一个多元化的社会和团体中，往往会有更多的机会产生各种独特的想法。这就是我们平时所说的"集思广益"，一个人的知识和能力都是有限的，只有多与别人交流，才能获得更多的方法和启示，这样，我们也能创造出属于自己的"美第奇效应"。

培养创新心态，打破守旧限制

创新需要"自己找路"

在美国，有一家贸易公司，业务非常繁忙。往往是上午对方的货刚发出来，中午账单就传真过来了，随后就是快寄过来的发票、运单等。讨债单太多了，助理常常不知该先付谁的好，经理也一样，总是大略看一眼就扔在桌上，说："你看着办吧。"但有一次，经理却马上说："付给他。"仅有的一次。

那是一张从巴西传真来的账单，除了列明货物标的、价格、金额外，大面积的空白处写着一个大大的"SOS"，旁边还画了一个流泪的头像。头像很简单，但很生动。这张不同寻常的账单一下子引起了经理的注意，他看了看便说："人家都流泪了，以最快的方式付给他吧。"

如果写那张账单的人也走别人一样的路子，公务式的催款，那么他的账单便会埋没于纸海中。但他多用了一点心思，把简单的"给我钱"换成了一个富有人情味的小幽默，换了一条路，就从千篇一律的讨债中脱颖而出了。

能够"自己找路"的人，到处都有出路，到处都需要他们。能够"自己找路"的人不会去做已有很多人在努力做的某项工作，也不会用别人用过的方法，他们只是做着他们自己的事。

勇敢和富有创造力是"自己找路"的人具备的特点。在人类历史中，只有那些相信自己、做事不退缩、勇敢而富有创造力的人和那些具有冒险精神的人，才能成就伟大的事业。

能够"自己找路"的伟大人物，从不抄袭他人，模仿他人，也不愿意墨守成规而使自己受到束缚。格兰特将军从不纸上谈兵，照搬兵书上的战术，他虽然受到许多将士的诘难与指责，但他却总能战胜强大的敌人。那些有毅力、有创造力的人，往往是标新立异的先锋；而那些懦弱、胆怯而无创造力的人，永远不会打开新的出路。

美国著名创新思维专家迈克尔·米哈尔科对于如何"自己找路"是这样阐述的：

天才们通常是从发现新观点中产生，爱因斯坦的相对论从本质上讲是描述不同观点之间的相互作用。弗洛伊德通过把事情放入与原先认识不同的前后关系中，"重新组织"这些事情，以及表达它的含义。例如，弗洛伊德把无意识的行为重新组织为类似"幼儿"的思想的一部分，以此他开始帮助他的病人改变其思考的方式，以及回应其自身的行为。

一旦确定了某个观点，我们就否定了其他所有的观点，仅剩一条直线的思维。某些特定种类的想法会在我们头脑中产生，但仅仅是那些固定观点的想法，没有其他的。发明了电动车的人如果瘫痪在床，他会把他的问题定义为："我躺在床上该如何打发时间?"而不是："我怎样才能从床上站起来，围着房子转转?"

天才们通常用多种方法通过重新组织问题发现问题的一个新观点。当获得诺贝尔奖桂冠的物理学家理查德·费曼遇到棘手的问题时，他会用一种不同的方法看待问题。如果该方法不奏效，他会转向另一种方法。不管出现什么情况，他总会发现解决它的另一种方法。费曼花十几分钟处理某件事情，而一般的物理学家会花上一年的时间，因为费曼有很多方法来解决问题。

对于问题的研究，你需要一种专注的精神，运用不同方法，坚持不懈，这样对问题的了解才会更深、更透，为解决问题提供条件。

通常，解决问题可以通过以下几个步骤。

(1) 使艰涩的问题变得具体、通俗易懂。

(2) 分割整体与部分，仔细研究。

(3) 运用逆向思维做陈述。

(4) 转换观点、角度。

(5) 采纳多种观点和意见。

以"己变"应万变

现代社会是一个快速发展变化的社会，各种变化时时都在发生。生活在剧变的社会中，应该有一种办法能使我们关注这些变化，并且能够从中得到启迪。

《谁动了我的奶酪》这本书相信很多人都读过。在阅读过程中，几乎每个人都会感觉到这个故事让人有一种释放压力并开始放松的神奇作用。它能使人坦然面对生活中的变化，能够从不同的角度看待正面临的种种变化。

故事中有4个虚构的角色：老鼠嗅嗅和匆匆、小矮人哼哼和唧唧，用来代表我们的不同方面，即我们简单的一面和复杂的一面。老鼠嗅嗅能够及早地嗅出变化的气息；匆匆能够迅速开始行动；哼哼因为害怕变化而否认，并且拒绝变化，以致事情变得一团糟；唧唧能看到变化，并能及时地调整自己去适应变化。

这4个角色其实隐喻了人性的4个方面，不论我们的年龄、性别、种族和国籍如何。

时代在不停地变化，而我们生活的环境与节奏每天也都发生着变化。变化成为这个时代的一大特征，我们该如何适应时代的变化，去实现自己的目标，走出迷宫呢？这就是我们每个人都必须思考的问题。《谁动了我的奶酪》给了我们最好的启示：随着奶酪的变化而变化。也就是说，不要因循守旧，以"己变"应万变。

想要改变，意味着对某些旧习惯和老状态发出挑战。如果你紧守着过去的行为与思考模式，并且认为"我就是这个样子"，那么，你就会与新事物为敌。

守旧者不喜欢改变，他们安于现状，没有创新精神，不设法改进自己。

守旧者无法视变化为正常现象。他们没有衡量自己适应变化的能力，他们更不会探索自身的潜能，遇到变故发生，宁可坐以待毙。

守旧者以不变应万变，结果只有一个，被社会所抛弃。

在工作上，守旧者最大的障碍就是无法适应环境。在他们周围有许多学习新技术、深造、更换职务、创新发展等机会，但是他们往往视而不见。

工作与生活永远是变化无穷的，我们每天都可能面临改变，新的产品和新服务不断上市，新技术不断被引进，新的任务被交付，新同事、新领导……这些改变也许微小，也许剧烈。但每一次的改变，都需要我们调整自己重新适应。

一个人一旦停下来，驻足不前，一旦对于自己的才能学识感到满意，那么不久之后，他就将被不断前进的时代巨轮远远地抛到后面去了。

唯有振奋你的精神，拿出你的全部力量，充分发挥你的才能，不断地向前进步，不断地追求知识，不断地观察研究，不断地思考，才能使你不致落后于时代，你才可能从从容容地应对时代的变化。

在变化的时代，求变者应当紧跟时代节拍，以变应变，寻找出路，不然你会处于被动地位。要成大事者必须能顺应时势，善于变化，及时调整自己的行动方案，而不因袭守旧，这是成大事者适应现实的一种方法。

当今社会，各种事物都是飞速发展变化的，因此身处其中的人，也应审时度势，顺势而变。只有这样才能成就大事。

第九章

感恩心态：
孕育成功的心灵

解读感恩心态

感恩是对生命过程的一种珍惜

人们常说：懂得感恩的人，会懂得珍惜，就容易得到幸福。那么，感恩到底是什么？幸福又是什么？

有一个善良的人，死后升到天堂，做了天使。他当了天使后，仍然时常到凡间帮助人，希望人们能感受到幸福。

一日，天使遇见一个农夫，农夫的样子非常苦恼。农夫对天使说："我家的水牛刚死了，没它帮忙犁田，那我怎能下田耕作呢？"

于是，天使赐给他一头健壮的水牛。农夫很高兴，天使在他身上感受到幸福的滋味。

又一日，天使遇见一个流浪者。流浪者非常沮丧地对天使说："我的钱被骗光了，没法回乡。"

于是，天使给了他一些路费，流浪者很高兴，天使在他身上感受到幸福的滋味。

又一日，天使遇见一个作家。作家年轻、英俊、有才华且富有，妻子貌美而温柔，但他却过得不快活。

天使问他："你不快乐吗？我能帮你吗？"

作家对天使说："我什么都有，只欠一样东西，你能够给我吗？"

天使回答说："可以。你要什么我都可以给你。"

作家直直地望着天使："我要的是幸福。"

这次把天使难住了，天使想了想，说："我明白了。"

天使把作家所拥有的都拿走了。拿走了作家的才华，毁去了他的容貌，夺去了他的财产和他妻子的性命。天使做完这些事后，便离去了。

一个月后，天使再回到作家的身边。

作家已经奄奄一息，衣衫褴褛地躺在地上挣扎。

于是，天使把他的一切还给了他。然后，又离去了。

半个月后，天使再去看望这位作家。

这次，作家搂着妻子，不住地向天使道谢。因为他得到幸福了。

"一个人要对于昨天的日子感到快乐，对明天感到有信心。"你如果做到这样那就是幸福了。其实幸福是向外在环境索求的，幸福只是一种内在的感受：在某一刹那，心中的某一根隐秘的弦忽然被牵动，泛出圈圈甜美的满足感，那便是幸福。

但有很多人却忽略了这种感觉，把追求幸福当成了一项事业，结果反而离幸福越来越远，越来越觉得空虚，越来越不快乐。

曾经有一个贵族青年，有一天他突然想离开家乡，去寻找他想要的幸福。因为有一位非常伟大的巫师跟他说："幸福是一只青色的鸟，有着世界上最美妙清脆的歌喉，如果找到它，就要把它马上关进一个黄金做成的笼子里，这样，你就能得到你想要的幸福了。"

他听了这位巫师的话，不顾父母的苦苦挽留，就带了一个黄金笼子踏上了寻找那只代表幸福的青鸟之路。英勇的年轻人一路上遇到许多艰难险阻，但是他都没有退却，只因为在他心中有"幸福"支撑着他的梦想。他经过了许多国家，得到了很多以前从没看过、从没听过的知识，成了一个见多识广的人。

一路上，他抓过很多青色的鸟，但是总在放进黄金鸟笼后，鸟便不知什么原因就死去了。他知道，那不是他想寻找的幸福。

后来，黄金鸟笼变得旧了，他也不再年轻。他突然强烈地想念远方的父母。于是，他就回到了自己的家乡，回家后发现已是物是人非。他的父母早在他离去没多长时间，就因为过度的悲伤和思念而离开了人世。

无家可归的青年在荒凉的街头落寞地走着。这时，一个鬓发斑白的老人拉住了他的衣角，盯着他怀里的黄金鸟笼子。

"大巫师!"青年认出了他，失声叫道。

"孩子，我对不起你，我真不应该让你去寻找青鸟。"老人难过地说道，他从破旧的口袋里掏出了一件物品，"这是你父母在去世前让我交给你的，他们要你好好珍藏。"说完，老巫师便摇着头，哀伤地离去了。

青年一看，原来那是父亲为他雕的一只黄莺。在这一刻，所有的回忆都在他脑中涌现，青年流出了悲伤的眼泪，他把这只木鸟紧紧地抱在怀中，十分懊悔。突然，他感到怀里的木鸟动了动，叫出了声音，他愣了一下，那就是幸福的青鸟，但他还没来得及将它放进黄金鸟笼，一不留神就让它飞走了。

人总是很奇怪，拥有幸福的时候总是不知道珍惜，每每要到失去后，才懂得珍惜。其实，幸福就在你的面前。

肚子饿的时候，有一碗热腾腾的面条放在你面前，就是幸福。

筋疲力尽的时候，躺在软软的床上，就是幸福。

痛哭的时候，旁边有人温柔地递来一张纸巾，就是幸福。

幸福本没有绝对的定义，平常的一些小事也能撼动你的心灵，幸福与否，只在于你怎么看待。

在你的生命过程中，有过很多人、很多事，不管是现在、过去还是未来，只要你心怀感恩，用爱心浇筑，你就会拥有幸福。

感恩，就是一种幸福。

感恩是对人生苦难的一种感谢

一个年轻人在上大学的时候就半工半读。学习之外，他的大部分时间都用来打工赚钱，而他上班的地方是父亲开的一间工厂。他要用打工得来的工资去偿还父母为他垫付的学费和伙食开支。而且，虽然他是老板的儿子，却没有任何特权，跟其他工人一样，打卡上下班。在每个月的月底凭车间给他评定的质量分和完成工作的情况来领取工资。有一回，他因坐车晚点迟到了2分钟，那月他应得的奖金就被扣了一半。

大学毕业后，父亲并没有让他接管公司，反而对他更加苛刻。父亲的严格让他无法忍耐，结果他离家自立。年轻人觉得父亲不像是他的亲生父亲，而像仇人一样对待他。他想自己跟父亲反正已经没有关系，不如去外面另闯一条生路。

刚开始做生意，因为缺少资金，他去银行贷款，但父亲坚决不做他的担保人。没有担保人，他就没有办法向银行贷到一分钱。被逼无奈，他只有给别人打工谋生。但即使是小公司的一份微薄薪水，他也没有保住，被别人挤了出来。失业后，他用打工攒的一点钱开了家小店。小店的生意不错，他又开了家小公司，小公司慢慢地变成了大公司。

在他正准备"磨刀霍霍"干一番事业时，他的公司倒闭了。为此，他十分难过，甚至想到了自杀。他对自己的过去进行了认真的思考，想父亲为什么这么冷酷无情地对待自己，想自己在打工和经商中为什么会屡遭惨败，他总结了自己失败的教训。他没有继续沮丧下去，而是决心咬紧牙关挺起胸膛重新开始。

在这十分艰难的时刻，父亲却出人意料地来到他的面前，并张开双臂紧紧地拥抱了他，决定让他来接管自己的公司。父亲说："孩子，你虽然跟几年前一样，依然没有钱，但你却有了一段宝贵的经历，这段经历对你来说是一场艰苦的磨炼，但它却是非常值得的。如果我前几年就将公司交给你，你很难把公司经营管理好，迟早会失去公司，最终会变得一无所有。可是现在因为你有了这段宝贵的经历，你就会珍惜它，并且会把公司经营好，还会让它不断地发展壮大。孩子，不管是干什么事情，不经受一番磨炼是很难干好的。"

这个年轻人后来真的干成一番大事业，他就是伯克希尔公司总裁，被誉为"美国股神"的沃伦·巴菲特。他的资产仅次于比尔·盖茨，他的父亲叫霍华德·巴菲特。

我们的人生总有一些挫折，总会经历一些苦难、一些磨炼，但这并不是坏事。沃伦·巴菲特正是从这些苦难中学到了很多东西，为以后的事业打下了基础。经历苦难、磨炼意志能让人坚强，让人热爱和珍惜自己的事业和生活，更让人懂得如何为人处世，懂得如何经营自己的事业和生活。因此，它对你的人生弥足珍贵，是你生命历程中的财富。

面对苦难，我们要怀有感恩之心，感谢苦难的恩赐。

人生总免不了经历苦难，但只要你正确对待，苦难也会成为一笔财富；反之，你会被苦难吞噬。有这样一个故事：有一个蛹快要化成蝴蝶了。这时的蛹上有了一道裂缝，蝴蝶在里面痛苦地挣扎。天真的孩子看到蛹中的蝴蝶痛苦挣扎的样子十分不忍。于是，他拿起剪刀把蛹壳剪开，帮助蝴蝶脱蛹出来。然而，由于这只蝴蝶没有经过破蛹前必须经历的痛苦挣扎，以致出壳后身躯臃肿，翅膀干瘪，根本飞不起来，不久就死了。蝴蝶之死带给我们很大启发：要想有所成就，就必须能够承受痛苦和挫折。这是对人的磨炼，也是一个人成长必经的过程。

人生在世，难免会遇到困难，困难具有一定的积极意义，它可以帮助人们驱走惰性，促使人奋进。因此，困难又是一种挑战和考验。我们的生活因苦难变得丰富多彩，我们的性格因坎坷而锤炼得成熟。学会感恩，我们便会在困难中升华自己，让自己变得更加坚强、更加成熟。

人生重要的不是拥有什么，而是经历了什么，任何坎坷的经历都是宝贵的人生财富。

英国哲学家培根说过："超越自然的奇迹多是在对逆境的征服中出现的。"关键的问题是我们应该如何面对苦难。

有这样一句话：每个困难都是一粒珍珠！一切"不幸的遭遇"都是磨炼，一切的挫折都是你人生成功所必须经历的。只要你感恩苦难，就会将苦难磨砺成一粒粒美丽的珍珠。

德国作曲家罗伯特·舒曼说："珍珠是不会浮到水面上的，要寻找它，必须冒着生命危险潜到水里。"珍珠原本是嵌入贝内的一粒沙。贝用尽全身力量疗伤，要到伤口愈合，治疗的工作才停止，这时在旧伤处出现的就是一颗晶莹的珍珠。因为伤口的刺激，贝身上许多平时未发现的力量现在出现了，全力打造了这样一颗晶莹的珍珠。

在我们一生中，苦难也可以变为经验，伤痛可以变成无价的奇珍。缺陷也能成为自救与救人的新力量。

对于苦难，我们要学会感恩：

感恩伤害，因为它磨炼了你的心智；

感恩欺诈，因为它增进了你的智慧；

感恩中伤，因为它砥砺了你的人格；

感恩鞭打，因为它激发了你的斗志；

感恩挫折，因为它强化了你的意志；

感恩遗弃，因为它教导了你的独立；

感恩斥责，因为它提醒了你的缺点；

感恩嘲笑，因为它坚定了你的信念；

感恩嫉妒，因为它肯定了你的成就。

感恩，在付出中得到

感恩，让我们坦然面对人生的坎坷

美国著名潜能开发大师席勒有一句名言："任何苦难与问题的背后都有更大的祝福！"他常常用这句话来激励学员积极思考，由于他时常将这句话挂在嘴边，连他的女儿——一个非常活泼的小姑娘在念小学的时候就可以朗朗地附和他念这句话。

有一次，席勒应邀到外国演讲。就在课程进行当中，他收到一封来自美国的紧急电报：他的女儿发生了一场意外，已经被送往医院进行紧急手术，有可能要截掉小腿！他心慌意乱地结束课程，火速赶回美国。到了医院，他看到的是女儿躺在病床上，一双小腿已经被截掉。

这是他第一次发现自己的口才完全派不上用场了，笨拙地不知如何来安慰这个热爱运动、充满活力的天使！

女儿好像察觉了父亲的心事，告诉他："爸爸，你不是时常说，任何苦难与问题的背后都有更大的祝福吗？不要难过！"他无奈又激动地说："可是！你的脚……"

女儿又说："爸爸放心，脚不行，我还有手可以用呀！"两年后，小女孩升入了中学，并且再度入选垒球队，成为该联盟有史以来最厉害的全垒球王！

"任何苦难与问题的背后都有更大的祝福！"席勒的女儿说出这句话时，是以一种感恩的心态来面对自己的灾难的。

你有权选择自己的生活，敞开胸怀拥抱世界，也许你没有办法改变外在的现实环境，但你可以改变自己的心态。

你可以把自己的人生变成欢乐喜剧，也可以变成痛苦不堪的悲剧，一切都由你决定。

有一个女孩常常对父亲抱怨自己遇上的事情总是那么艰难，她不知道该如何应付生活，好像一个问题刚解决，新的问题就又出现了。

一天，父亲把她带到厨房，把水倒进三口锅里，然后用大火煮，不久锅里的水就烧开了。

父亲在第一口锅里放进了胡萝卜，第二口锅里放入鸡蛋，最后一口锅里则放入研磨成粉状的咖啡豆。他小心地将它们放进去用开水煮，但一句话也没说。

女儿见状，一直嘟嘟囔囔，很不耐烦地等着，不明白父亲到底要做什么。

大约20分钟后，父亲把炉火关掉了，把胡萝卜和鸡蛋分别放在一个碗内，然后把咖啡舀到一个杯子里。

做完这些后，父亲这才转过身问女儿："亲爱的，你看见什么了？"

"胡萝卜、鸡蛋和咖啡。"她回答。

父亲让她靠近些，让她用手摸摸胡萝卜，她发现胡萝卜变软了。接着，他又让女儿拿着鸡蛋并打破它，然后将壳剥掉，她看到了煮熟的鸡蛋。

最后，父亲让她喝一口咖啡。当品尝到香浓的咖啡时，女儿终于笑了。

她怯声问："父亲，这意味着什么？"

父亲回答说："这三样东西都是在煮沸的开水中，但它们的反应却各不相同：胡萝卜入锅之前是强壮结实的，但进入开水后，它就变得柔软了；而鸡蛋本来是易碎的，只有薄薄的外壳保护着，但是一经开水煮熟，它的内部却变硬了；至于粉状咖啡豆则很特别，进入沸水之后，彻底改变了水的特质。"感恩就如这咖啡豆一般，在苦难的煎熬下，散发出香浓的芬芳。

有人说，上帝像精明的生意人，给你一分天才，就搭配几倍于天才的苦难。这话不假。上帝绝不肯把所有的好处都给一个人，给了你美貌，就不肯给你智慧；给了你金钱，就不肯给你健康；给了你天才，就一定要搭配点苦难……当你遇到这些不如意时，不必怨天尤人，更不能自暴自弃，而是用一种感恩的心告诉自己：我们都是被上帝咬过的苹果，只不过上帝特别喜欢我，所以咬的这一口更大罢了。

世上每个人都是被上帝咬过一口的苹果，都是有缺陷的人。只要你相信，自己是"被上帝咬过一口的苹果"，你就能坦然面对人生坎坷，欣然迎接未来的生活。

为他人着想，也就是为自己铺路

人生在世，不可能没有有求于人之时，也不可能没有助人之时。我们帮助别人，其实也是在帮助自己。在人落入危难和困窘之时，也正是人心灵最脆弱的时候，如果此时你能急人所急，给人所需，你的朋友一定会永远把这份恩情记在心里，将来有一天能报答你的时候，定会涌泉相报。

曾经有一个贫穷的小男孩，他为了攒够学费去上学便去挨家挨户地推销商品。他劳累了一整天，感到十分饥饿，但摸遍全身，却发现自己只有一角钱。怎么办呢？他决定向下一户人家讨口饭吃。但当一位美丽的年轻女子打开房门的时候，这个小男孩却有点儿不知所措了。他没有要饭吃，只祈求给他一口水喝。这位女子看到他很饥饿的样子，就拿了一大杯牛奶给他。男孩慢慢地喝完牛奶，问道："我应该付多少钱呢？"年轻女子回答说："一分钱也不用付。妈妈跟我说，施以爱心，不图回报。"男孩说："那么，就请接受我由衷的感谢吧！"说完，男孩离开了这户人家。此时，他不仅感到自己浑身都是劲儿，而且还看到上帝正朝他点头微笑呢，那种男子汉的豪气也像山洪一样迸发出来。

其实，男孩本来是打算要退学的。

很多年后，那位女子得了一种十分少见的重病，当地的医生对这种病都束手无策。最后，她被转到一个大城市去医治，并由专家来会诊治疗。而大名鼎鼎的霍华德·凯利医生就是当年的那个小男孩，他也参与了医治方案的制定。当他看到病例上所写的病人的资料时，有一个奇怪的念头霎时间闪过他的脑海，他马上起身直奔病房。

来到病房，凯利医生一眼就认出病床上躺着的人正是那位曾帮助过他的恩人。他回到自己的办公室，决心一定要竭尽所能来帮助恩人把病治好。从那天开始，他就特别地关照这位病人。经过艰辛的努力，手术终于成功了。凯利医生要求把医药费通知单送到他那里，在通知单上，他签了字。

当这张医药费通知单送到这位特殊的病人手上时，她不敢看，因为她确信，治病的费用将会花去她的全部家当。但最后，她还是鼓足勇气，翻开了医药费通知单，旁边的那行小字引起了她的注意，她禁不住轻声读了出来：

"医药费——一满杯牛奶。霍华德·凯利医生。"

这个年轻女子的举手之劳，却换来了曾经贫穷无助的霍华德医生一生的感激，她在给当年那个男孩一杯牛奶时，也许她永远不会想到，当年的男孩会给她如此昂贵的报答。

我们平常所说的"好人有好报"便是这个道理。我们或许给予别人的只是一点小小的帮助，但在他人眼里，却无异于天降甘露，甜美万分。他们会将这份恩惠铭记于心，在我们需要时，也许会以数倍甚至数百倍的回报回馈给我们。

"朋友多了路好走"，"在家靠父母，出外靠朋友"，朋友所包含的要义中本就应该有互相帮助。"海内存知己，天涯若比邻"，只要我们愿意，任何人都可能成为我们的朋友。朋友之间的帮助对于个人的发展是非常重要的，无论在事业上、感情上还是学业上，有了朋友的帮助会让你人生的道路通畅许多。小到朋友对你感情上的安慰，及时提供给你有用的信息，在你繁忙的时候为你买饭打水……大到介绍自己朋友圈子里的人给你认识，他（她）可以是你爱情发展的对象，也可以是你商务上往来的伙伴，给你介绍业务……朋友，是你人生中一笔巨大的财富，是关键时刻可以依靠的大树。而人的付出和回报都是相应的，只有今天你不惜一切帮助朋友，在你明天遇到困难时，朋友才会伸出友爱之手，成为你可以依靠的大树。

懂得感恩，回报恩惠

不要把拥有视为理所当然

静爱吃菠萝，却不会削菠萝。

静和枫谈恋爱时，第一次削菠萝给枫吃。静削菠萝的手法很特别，逆着削，而且削下去许多果肉。枫看了，笑着夺去她手里的菠萝，说等她削好了，他便没的吃了。从此，枫不再让静削菠萝，其实是怕她伤着自己的手。

经历了爱情的长跑后，他们走进了婚姻的殿堂。婚后的生活很甜蜜。静不会做家务，枫几乎包揽了他力所能及的一切。静喜欢写作，业余的大部分时间都用在了爬格子上。每次她写东西时，枫都会放她喜欢听的音乐，然后坐在一边，默默地削一个菠萝。枫的菠萝削得很棒，就像一件雕刻的艺术品。削完之后，他还细心地将菠萝切成小块，插上牙签。静觉得他削的菠萝是世上最好吃的，因为有种特殊的味道。

静的写作一直不太顺，作品大部分石沉大海，少数有回音的也只收到微薄的稿酬。虽然静为此感到气馁，却依然不肯放弃自己手中的笔。

静的境遇一直到遇到吴言才有所改变。吴言是一家出版社的编辑，在一次写作研讨会上，他们相识了。吴言不凡的谈吐给她留下了深刻的印象，而她的美丽大方像一张明媚耀眼的风景片定格在了吴言的眼里。

在吴言的指导下，静迎来了事业的新契机，很快她便成了圈里公认的才女，并受到广泛的关注。不久后她的第一本书出版了，销量一路看涨，她沉浸在幸福的喜悦中。吴言的博学、才干以及一个成熟男人的魅力，让静的感情出了轨。虽然她知道不会有什么结果，因为吴言是一个有家的人。

可是她还是义无反顾地爱上了吴言，就像当初迷上写作一样。

这份冲动的爱情让静打算做一个决定——与枫离婚。那晚，静坐在电脑旁，一个字也没有写出，几次话到嘴边又咽下，因为她有满腹的心事难以启齿。枫看出了她的犹豫，正在削的菠萝皮忽然自手中断落，他不知是在怎样的心情下听完她离婚的理由，手中的菠萝皮不停地断落、断落，一不留神，刀子扎进了他的手中，血顺着指头流了下来，他感到心里阵阵疼痛。可是，他依然削好菠萝细细地切成小块让她吃。她接过，在咬下第一口的时候，眼泪忽然流了出来，原本好吃的菠萝在她的嘴里竟然没有了味道。

爱静的枫为了她而同意了离婚，她在感到轻松的同时，隐隐的疼痛开始在她的心里生长开来，这种隐痛慢慢生长成为心灵的煎熬，让她难以忍受。因为她以为自己是在理智的状况下选择了爱情而放弃这段婚姻，她以为她做到了对感情负责，但令她感到奇怪的是，她并没因这份爱情而感到心灵愉悦。很多时候都是这样，在不经意的瞬间，她总会想起他，想起他为她削菠萝的样子，心里有一种割裂开来的痛楚。自从她离开他以后，她再没有吃过菠萝，因为每次拿起菠萝，她便会想起他们的婚姻。

可是，有一天她还是忍不住拿起了菠萝，她学着像他那样连刀不断地去皮，原来是那样难，一不小心就会被菠萝上的硬皮刺到，那是一份怎样的耐心呢？她终于理解了他对她的那份感情，明白了她想要在婚姻中得到的东西是什么，但是她在拥有时没能珍惜，等到回首，却已永远地失去了。

小说中的"她"，因为忽略了这份"理所当然"的爱，而错失了人生中最大的幸福。

每一份爱的付出都应该得到回报，不论是亲情还是爱情、友情，因为它们是每个人生命中所能感受到的最真挚、最浓烈的爱，无私且神圣。所以，请不要把你所拥有的幸福视为理所当然的，而应该理解、重视，并对这份爱充满感恩之心。

在这些感情中，最容易被忽视的往往是亲情，父母养育子女，子女赡养父母，这是人世间的准则，受道德和法律的约束，更是人与生俱来的天性。然而，所有的父母，他们在为子女付出时从来不会思及道德或法律，这种付出是不需要任何理由和前提的。同时，这种付出也完全超越了道德和法律规定的范围，他们付出的是全部，甚至还有生命。

很多时候，我们对伟大的亲情并无深刻的体会，甚至处在一种无意识状态，认为父母的一切给予都是理所当然的，自己也心安理得地接受。这些孩子往往不在意父母的辛劳，花钱大手大脚，生活中只想到自己的感受，稍有不如意便表现出强烈的不满。据统计，70%的孩子吃父母买给自己的零食时不知礼让父母，只顾自己吃；父母病了，50%的孩子不端水，不递药，不过问，全然不记得自己生病时父母无微不至的照顾；98%的学生要求父母给自己庆祝生日，但98.2%的学生不知道哪天是父母的生日；更有甚者，某些高三学生竟让母亲给自己端洗脚水。有时候，也许有必要列出一份清单，记录父母在孩子成长过程中的每一次付出，在这份爱的清单面前，上述那些孩子一定会受到教育和启发。

不要把你所拥有的幸福视为理所当然，那些才是你人生中最大、最现实的幸福。为所有的爱列一份清单，让它们永远不会在我们的生命中消逝。

珍爱自己，才更懂得珍爱他人

曾经有个人异想天开，与佛祖进行了这样的一段对话。

佛祖问："你想知道什么？"

他说："很想向你讨教，但不知道你是否有时间？"

佛祖笑道："我的时间是永恒的。你有什么想问的吗？"

他说："你觉得人类最奇怪的是什么？"

佛祖答道："年少时，他们厌倦童年生活，急于长大，而年老后，他们又渴望返老还童。

"他们的财富是牺牲自己的健康换取的，然后他们又牺牲金钱来恢复健康。

"他们杞人忧天，对虚幻的未来充满不安，但却忘记了现在；于是，他们既不生活于现在之中，也不生活于未来之中。

"他们的生与死，都是僵硬无意义的。活着的时候好像从不会死去，但是死去以后又好像从未活过……"

佛祖握住那个人的手，他们沉默了片刻。

那个人问道："作为圣贤，你有什么箴言想告诫世人的?"

佛祖笑着答道："他们应该知道不可能取悦于所有人，他们所能做的只是让自己被人所爱。

"他们应该知道，一生中最有价值的不是拥有功名利禄，而是拥有爱你的和你爱的人。

"他们应该知道，攀比之风不应助长。

"他们应该知道，富有的人不是不断拥有，而是不断满足。

"他们应该知道，要在所爱的人身上造成深度的创伤只要几秒钟，但是治疗创伤则要花几年的时间，甚至更长。

"他们应该知道，爱有时是不善表达的，所以他们要学会发现。

"他们应该知道，金钱不是万能的，它永远也买不到幸福。

"他们应该知道，每个人眼中的世界都是不同的，每个人都拥有自己的世界。

"他们应该知道，得到别人宽恕是不够的，他们也应当宽恕自己。

"他们应该知道，珍惜自我的存在。"

也许有人会问，佛祖真的存在吗? 是的，他存在。因为佛祖就在我们的心中。与佛祖的这段对话，其实是对自己心灵的拷问，我们该如何爱自己。

人生中，我们总是被这样那样的事所困惑迷茫，不懂得爱自己。这样的人就不会爱别人，也得不到别人的爱。只有珍爱自己，才会懂得珍爱别人，这是感恩的第一条法则。

生活中存在着这样一个理论，即为了与他人建立积极和健康的关系，你必须先与自己建立一个积极和健康的关系。

因为不敢爱自己，不会爱自己，没有爱过自己，没有爱自己的习惯，结果在感恩的过程中我们无法做到"爱别人"，因为我们自卑，自信消失了，随之消失的还有志向、理想、信念、憧憬、主见和创造的精神。

即使你是一个很平凡很普通的人，没有横溢的才华，没有过人的本领，没有惊人的力量，没有非凡的智慧，没有显赫的地位，没有巨额的财富，没有传奇的经历，没有丰富的经验……哪怕你一无是处，你仍然可以珍爱自己。因为你就是你，是世界上任何一个人都无法替代的人。我们始终都在走一条路，一条属于自己的路；我们始终都在营造一处风景，一道涂抹着个性色彩的风景。路在延伸，风景依然亮丽，我们把朝霞走成了夕阳，把暖春走成了寒冬……我们为什么不能爱自己呢？

只有珍爱自己才能珍爱他人，如果我们不了解、不信任自己，我们就不能很好地了解和信任他人。

所以，我们面临的挑战就是与我们自己建立一种良好的自爱关系，这种自爱关系应该充满信任、真诚、尊重、安全、慷慨、灵活、乐观、宽容、敏感和创造，这是你爱他人，与他人建立良好关系的必由之路。通过了解你是谁，以及你何以成为现在的你，那么，你就能够做出明智的选择，把自己塑造成一个你理想中的人。

我们没有太阳的灿烂，可以有月亮的皎洁；我们没有高山的巍峨，可以有小丘的清秀；我们没有大江的奔腾，可以有小河的涓细；我们没有苍鹰的高翔，可以有小鸟的低飞。每个人都有自己的位置，每个人都能找到自己的位置，发出自己的声音，踏出自己的通途，做出自己的贡献。我们应该相信：正因为有了千千万万个"我"，世界才变得丰富多彩，生活才变得美好无比。我们有一万个理由去珍爱自己，让自己生活得更精彩、更美好。

第十章

包容心态：
通向成功的保障

解读包容心态

包容是设身处地的理解体谅

人与人之间总有差异，所以有时摩擦、争吵不可避免，这些本是很正常的事情。如果多些理解，学会包容，能够设身处地地为他人着想，就不会因他人与己见不同而生出隔阂，进而产生矛盾。

正是由于人与人之间存在不同的见解，才使得我们这个世界有朝气，从而产生了许多新生事物。从另一个方面来说，个人与他人有不同见解存在，也才会使得自己从另一个角度思考问题。也许自己固有的见解原本就是错的、不科学的。正是由于他人的不同见解使自己反省，从而纠正自己错误的认识与观点，并获得新的进步。因此，正确对待不同见解，不仅不是理亏，反而是一种理智的态度。而要做到这点，所需要的就是"理解"。理解他人，理解环境，理解我们所处时代的方方面面；不固执，不偏激，不斤斤计较，更莫为小事而与别人打"肚皮官司"，弄得自己心神不安，伤神又伤心。

设身处地为别人着想的理解是一缕精神阳光，借助这缕"阳光"，可以澄清我们的思路，净化我们的心灵，使我们在工作、学习和生活中更充实，更自在，更快乐。

肯尼斯·库第在他的著作《如何使人们变得高贵》中说："暂停一分钟，把你对自己事情的高度兴趣，跟你对其他事情的漠不关心互相比较一下。那么，你就会明白，世界上其他人也正是抱着这种态度！这就是，要想与人相处，成功与否全在于你能不能以同情的心理理解别人的观点。"

法国作家伏尔泰在遗言中说："包容是什么？它是人性的特点，就让我们原谅彼此的愚蠢吧！"人与人的相处，难免会产生矛盾，出现这样或那样的失误与差错。在这时，如果你不让我，我不让你，就很容易引发争斗。这时我们就需要学会宽容，懂得宽容待人的道理。

包容是一门做人的艺术，宽容待人，首先是要在心理上接纳别人，理解别人，体谅别人，在接受别人的长处时，也接受别人的短处。其次，当你遇到事情打算用愤恨解决问题时，不妨试试"包容"，或许它更能帮你实现目标，解决矛盾，化干戈为玉帛。

把自己当成别人，站在对方的角度感受对方的情感；把别人当成自己，感同身受，设身处地地体验别人的感受；把别人当成别人，我们无法强求别人改变，只能理解别人；把自己当成自己，我们的一切理解和包容并非为了别人，而是为了自己。包容别人，其实也是在包容我们自己！

包容是对自我压力的释放

现实生活里，有不少人自觉不自觉地把自己讨厌的事塞满自己的脑袋，把一些不相干的事与自己联系在一起，造成了心理压力。殊不知，对于自己讨厌的、想不通的事，我们可以不去想，否则最后你就会变成压力的囚徒。

有一位旅者在经过险峻的悬崖时，一不小心掉落山谷，情急之下攀抓住崖壁上的树枝，上下不得，祈求佛陀慈悲营救。这时，佛陀真的出现了，伸出手来接他，并说："好！现在你把攀住树枝的手放下。"但是旅者执迷不悟，他说："把手一放，势必掉到万丈深渊，粉身碎骨。"

旅者这时反而更抓紧树枝，不肯放下。

这样一位执迷不悟的人，佛陀也救不了他。我们总是执迷不悟，对于压力不肯放手，死死握紧，不肯去寻找新的机会，发现新的思考空间，所以陷入愁云惨雾中。

人稍不留神，就会被自己营造的"心狱"监禁。有人认为，"心狱"无法逃离。人的"心理牢笼"既然是自己造成的，人就有冲出"心理牢笼"的本能。这种本能就是精神上的包容，有了这种包容，什么样的"心理牢笼"都可以攻破。

犯了错，我们唯一能做的就是正视这种错误的存在，在错误中吸取教训，以确保未来不再发生同样的憾事。接下来就应该获得绝对的宽恕，然后就得把它忘记，继续前进。

只要生活在这个世界上，就难免犯错，要是对每一件事都深深地自责，一辈子都背着一大袋的罪恶感生活，你还能奢望自己走多远？

人生之帆，不论顺风或逆风都要前进。包容自己，才能把犯错与自责的逆风化为成功的推力。

学会给自己释放压力，其实就是在包容自己。

每天给自己一小时独处的时间。

每天以祈祷、静思、默想作为开始和结束。

简单生活，别让自己活得太累。

活动身体——散步、跳舞、跑步，做你喜欢的运动。

重视存在，别总是一味地做事。

笑口常开。

总是优先考虑舒适度。

让大自然母亲滋养自己。

别再去讨好每一个人。

别和总对你不满的人在一起。

放弃期待。

别担忧：包容才能快乐。

包容别人，也是在包容自己

包容别人，放松自己

包容别人，其实也是在为自己赢得一片更广阔的天地。

人想活着轻松，就得少烦恼；要少烦恼，心胸就得开阔一些，宽广一些，学会宽恕自己和容忍别人，这就叫作包容人生。本来，生活就应该从容不迫、悠然自得。

人要活得从容，首先就得接受自己，不要对自己要求太苛刻，也不要因看不起自己而焦虑不安。遇到不幸和灾祸，要能够想得开，而且能"不动声色"。

包容者活得很随意，他们摸透了自己的脾气，知道自己的欲望和观点，干什么事都不用先去调查求证，或者察言观色，看别人的意见，他们只管走自己的路，不管他人飞短流长。

同时，包容者能够包容他人。生活变化无常，这是个人所无法改变的现实，不能改变，那就欣然接受，让自己活得快乐些。不要为了无法改变的事情而忧虑，那只是浪费感情。

因为这种包容，包容者与他人的关系比较融洽，因为他们能平和自然地与各种各样的人相处，而不管这些人的年龄、教养和性格特点。由于他们是按照人的本性，而不是按照自己的要求去待人接物，所以他们很少会对别人感到失望，更不会吹毛求疵。

有了包容，才有了人生的快乐和放松，这就是包容的真谛。所以人生的包容是一种建立在认识现实基础上的心安理得的生活方式。包容不是抱怨，也不是虚假的开心、欺骗的宽容和不切实际的异想天开。

我们包容了别人，包容了世界，自然就会放下情感的包袱，放松自己。

包容让你拥有更多的朋友

清朝末年，在一个小镇上，王氏家族与胡氏家族两家世代为敌，两户人家只要一碰面，就会动起手来。有一天傍晚，王虎与胡一从市集里出来，碰巧遇见了。两个仇人一碰面，倒没有开打，不过也保持着距离，互不理睬。两人一前一后走在小路上，相距几米之远。

天色渐渐暗了，是个乌云蔽月的夜晚。走着走着突然王虎听见前面的胡一"啊呀"一声惊叫，原来是他掉进溪沟里了。王虎看见后，连忙赶上前去，心想："无论如何总是条人命，怎么能见死不救呢？"

王虎看见胡一在溪沟里挣扎。急中生智的王虎连忙折下一段枯枝，迅速将枝梢递到胡一的手中。

胡一被救上岸后，感激地说了一声"谢谢"。然而，胡一猛一抬头后才发现，原来救自己的人居然是仇家王虎。

胡一怀疑地问："你为什么要救我？"

王虎说："为了报恩。"

胡一一听，更为疑惑："报恩？恩从何来？"

王虎说："因为你救了我啊！"

胡一不解地问："咦？我什么时候救过你？"

王虎笑着说："刚刚啊！因为今夜在这条路上，只有我们两个人一前一后行走。刚才你遇险时，倘不是你那一声'啊呀'，第二个坠入溪沟里的人肯定就是我了。所以，我哪有知恩不报的道理呢？因此，真要说感谢的话，那理当先由我说啊！"

此刻，月亮从乌云里露出脸来，在月光的照射下，王虎与胡一当年曾殴打过对方的双手紧紧地握在了一起。

俗话说"冤家宜解不宜结"，世上本来没有什么解不开的深仇大恨，所有的都只是人们的一种执念在作祟。若王虎仍记恨于家仇，不去救助胡一，多的只是一条亡魂和一颗黑心。但王虎选择了包容，让他失去的是沉重的仇恨，得到的是一份真挚的友情。

一个人要想取得事业上的成功，光靠自己的力量是不行的，光靠朋友的力量是不够的，那些过去与你是竞争对手的人，只要你可以包容，就能够将其纳入到共同利益里，壮大力量才能夺取更大的胜利。朋友和敌人，从来都不是绝对和永恒的，只要你学会包容，再大的仇恨也能消融，再多的朋友都可以结交。而结成朋友的根本目的，就是壮大自己的力量，以便在社会的奋斗和交往中做到游刃有余，左右逢源，为自己、为他人创造更多的财富和更多的机会。

敌人的存在，有时候是我们目光短浅、孤陋寡闻所致，而你一旦想改变这种先入为主的第一印象，却是难上加难。所以，这一切要靠你的勇气和非凡的远见与卓识，包容别人，也是在宽恕自己。与朋友团结，与敌人握手。

在日常的工作和生活中，人际关系纷繁复杂，你不妨去冷静地观察，努力寻找你的朋友和能够成为朋友的敌人。或许，你是位个性很强的人，对世界划分得太过绝对，很重视自己的独立、自主、自我奋斗；或许你是位理想主义者，对敌人的阴险与毒辣视而不见，而将这世界想象得美好与安静。但是现实毕竟是现实，而且是不以你的意志为转移的。现实总有一天会击碎理想主义的光环，使你认识到自己并非无所不能。这时朋友的重要性便突显了出来。多个敌人少条路，多个朋友多条路。用你的包容之心化敌为友，把自己的成功之路拓得更宽些。

广纳百川万事亨通

"广纳百川万事亨通"，拥有一颗包容心，你的人生道路便不会难走。

台湾地区作家罗兰曾说："宽宏大量是一种美德。它是由修养和自信、同情和仁爱组成的。一个宽宏大量的人快乐必多，烦恼必少。"包容是一种俯瞰的姿势，是一种善与美的投入，它更是一种智慧。这种智慧的源泉来自于文化的修养和思想的明智与深刻。拥有包容心的人，他一定有一种祥和的心境，这种心境来自于他的阅历。如果他的阅历很浅而又未曾经历过任何沧桑，那么，他肯定有着一种不争的人生态度和一颗善良仁慈的心。

包容的胸襟，往往包含在谅解之中。要想见到不顺心的事而不发脾气，就必须养成能够原谅他人的缺点和过失的习惯。待人接物，不能过于苛求，"水至清则无鱼，人至察则无徒"，对别人过于苛求，往往使自己跟别人合不来。社会是由各种各样的人组成的，我们总不能要求别人说话办事都符合自己的标准和要求。当那些度量较小、修养较浅的人做了得罪自己的事情时，真正的包容者能够宽容他们，谅解他们，不会和他们一般见识。从这个意义上说，那些最豁达、最能宽容的人，乃是最善于谅解人、最通达世事人情的人。

为人处世，首先应当提倡"广纳百川"的胸怀。广纳百川，是一种容人容物的器量。

气量和容人，犹如器之容水，器量大则容水多，器量小则容水少，器漏则上注而下逝，无器者则有水而不容。

气量大的人，容人之量、容物之量也大，能和各种不同性格、不同脾气的人们处得来。能兼容并包，听得进批评自己的话。也能忍辱负重，经得起误会和委屈。

广纳百川万事亨通。意思是说一个人若能有宽宏的度量，那么他事事皆会称心如意。广纳百川，表现为对人、对友能"求同存异"，不以自己的特殊个性或癖好责人，唯以事业上的志同道合为交友的基础。广纳百川，也表现为能听得进各种不同意见，尤其能认真听取相反的意见。广纳百川，还要能容忍朋友的过失，尤其是当朋友曾对自己犯有过失时，能不计前嫌，一如既往。广纳百川，更应表现为能够虚心接受批评，一经发现自己的过失便立即改正。和朋友发生矛盾时，能够主动检讨自己，而不文过饰非，推诿责任。大度者，能够关心人，帮助人，体贴人，责己严，待人宽。

眼睛只盯着自己的私利，根本不可能有广纳百川万事亨通的胸怀和度量。"心底无私天地宽。"只有从个人私利的小圈子中解放出来，心里经常装着更远、更大的目标的人，才能具备广纳百川的胸怀，领略到万事亨通的精神境界。

培养包容心态，学会宽厚待人

宰相肚里能撑船

要说"宰相肚里能撑船"，有一段相当有趣的典故：

相传，宋朝有一宰相中年丧妻，后娶名门才女姣娘继室。婚后，宰相忙于国事，常不回家。而姣娘正值妙龄，难耐寂寞，便与家中一书童偷情。事情很快便传到宰相的耳朵里。一天，他假称外出办事，让轿夫抬着空轿子出了门。深夜，他蹑手蹑脚地溜到居室的窗外，听到俩人正在调情，他很生气，但他并没有惊动屋里的人，而是拿起一根竹竿朝树上的老鸹窝捅了几下，老鸹惊叫着飞了。书童闻声忙从后窗逃走了。

转眼到了中秋，宰相想借饮酒赏月之时婉言相劝姣娘，便趁着酒兴说："饮空酒无趣。我吟诗一首你来作答如何？""是。"姣娘答道。宰相吟道：

"日出东来还转东，乌鸦不叫竹竿捅。鲜花搂着棉蚕睡，撇下干姜门外听。"

姣娘一听就脸红了。"扑通"跪在宰相面前答道：

"日出东来转正南，你说这话整一年。大人莫见小人怪，宰相肚里能撑船。"

宰相见她诚心认错，心也就软了。他想：自己已经花甲，而姣娘正值花季，不能全怪她，与其责怪他们不如成全他们。中秋节后，宰相赠白银千两，让书童与姣娘成了亲。事情传开后，人们对宰相的宽宏大量赞不绝口，"宰相肚里能撑船"成了千古美谈。

"宰相肚里能撑船。"古人有与人为善、成人之美、修身立德的谆谆教海，一个人若肚量大、性格豁达，方能纵横驰骋，若纠缠于无谓鸡虫之争，非但有失儒雅，而且会终日郁郁寡欢、神魂不定。唯有对世事时时心平气和、宽容大度，才能处处契机应缘、和谐圆满。

有人的地方，总免不了有矛盾甚至钩心斗角。各种利害冲突使人不可能不发生摩擦。有君子，就有小人；有温情，就有冷漠。如何在一个复杂的群体当中站稳脚跟，并得到大多数人的支持和帮助呢？只有包容才可以。

"君子贤而能容霸，智而能容愚，博而能容浅，粹而能容杂。"在生活中，我们随时都会遇到一些对自己不公的人和事，当别人侵犯到我们时，我们应当怎么办呢？是针锋相对，以怨报怨呢，还是以宽容为怀，原谅别人呢？应当宽容之，理解之，原谅之，并以实际行动感化之。

做到"宰相肚里能撑船"无疑会带来良好的人际关系，自己也能生活得轻松、愉快；做到"宰相肚里能掌船"必定会营造一种和谐的气氛，利己利人。因此，包容是建立良好人际关系的一大法宝。

我们不是圣人，不能去爱那些伤害我们的人，可是为了我们自己的健康和快乐，我们至少要原谅他们，忘记他们，这是一种友善的表示，这样做实在是很聪明的事。

清代宰相张廷玉与一位叶姓侍郎都是安徽桐城人。两家毗邻而居，都要起房造屋，为争地皮，发生了争执。张老夫人便修书北京，要张廷玉出面干预。张廷玉看罢来信，立即作诗劝导老夫人："千里家书只为墙，再让三尺又何妨？万里长城今犹在，不见当年秦始皇。"张母见书明理，立即把墙主动退后三尺；叶家见此情景，深感惭愧，也马上把墙让后三尺。这样，张叶两家的院墙之间，就形成了六尺宽的巷道，成了有名的"六尺巷"。

两位宰相，两朝佳话，"宰相肚里能撑船"，人说宰相官大器量大，器量大者成大器。佛经云：心包太虚，量周沙界。你能把虚空宇宙都包容在心中，那么你的心量自然就能如同虚空一样的广大。

原谅别人的伤害

人活于世，总会遭遇许多不公。也许你正遭受到来自别人对自己的恶意诽谤和致命伤害。但不要为此而愤愤不平怒目以对，唯有以德报怨，原谅别人的伤害，才能赢得一个充满温馨的世界。释迦牟尼说过："以恨对恨，恨永远存在；以爱对恨，恨自然消失。"

第二次世界大战期间，一支部队在森林中与敌军展开了激战。最终两名战士与部队失去了联系。

两人在森林中艰难跋涉，他们互相鼓励、互相安慰。10多天过去了，仍未与部队联系上。这天，他们打死了一只鹿，靠鹿肉又艰难地度过了几天。也许是战争使动物四散奔逃或被杀光，这以后他们再也没看到过任何动物。他们仅剩下的一点鹿肉，背在年轻战士的身上。某天，他们在森林中又一次与敌人相遇，经过激战，他们巧妙地避开了敌人。就在自以为已经安全时，只听一声枪响，走在前面的年轻战士中了一枪——幸亏伤在肩膀上！后面的士兵惶恐地跑了过来，他吓得语无伦次，抱着战友的身体泪流不止，并赶快把自己的衬衣撕下包扎战友的伤口。

晚上，未受伤的士兵一直念叨着母亲的名字，两眼直勾勾的。他们都以为他们熬不过这一关了。尽管饥饿难忍，可他们谁也没动身边的鹿肉。第二天，部队救出了他们。

事隔30年，那位受伤的战士安德森说："我知道谁开的那一枪，他就是我的战友。当时在他抱住我时，我碰到他发热的枪管。我怎么也不明白，他为什么对我开枪？但当晚我就宽容了他。我知道他想独吞我身上的鹿肉，我也知道他想为了他的母亲而活下来。此后，我假装根本不知道此事，也从不提及。战争太残酷了，他母亲还是没有等到他回来。我和他一起祭奠了老人家，那一天，他跪下来请求我原谅他，我没让他说下去。我们又做了几十年的朋友，我宽容了他。"

宽容，作为一种美德受到了人们的推崇，作为一种人际交往的心理因素也越来越受到人们的重视和青睐。

"疾恶如仇"者和"绝对主义"者总会认为"以牙还牙"才是正确的。但英国诗人济慈说："人们应该彼此容忍，每个人都有缺点，在他最薄弱的方面，每个人都能被切割捣碎。"每个人都有弱点与缺陷，都可能犯下这样那样的错误。作为肇事者要竭力避免伤害他人，但作为当事人要以博大的胸怀宽容对方，避免消极情绪的产生，并让彼此回到和谐的状态中来。

"人非圣贤，孰能无过？"当我们对别人造成伤害的时候，会非常渴望能得到对方的谅解，希望对方把这一段不愉快的往事忘记。那么，将心比心，我们为什么不能用宽容的态度去对待他人呢？

包容意味理解和通融，是融合人际关系的催化剂，是友谊之桥的紧固剂。包容还能将敌意化解为友谊。戴尔·卡耐基在电台上介绍《小妇人》的作者时心不在焉地说错了地理位置。其中一位听众就写信来指责他，把他骂得体无完肤。他当时很气愤，但他控制了自己，没有向这位听众回击，他鼓励自己包容那位听众。他自问："如果我是她的话，会像她一样愤怒吗？"他尽量站在听众的立场上来思索这件事情。他打了个电话给她，再三向她承认错误并道歉。这位太太终于表示了对他的敬佩，希望能与他进一步交往。

很多人总是在别人伤害自己的时候再还以颜色，但他得到救赎了吗？没有，因为他在伤害别人时失去了友情，多了一份伤害。所以我们原谅别人的伤害，其实是避免自己再一次受伤。过去的就让它过去吧，要知道"每一天都是新的一天"。

放弃了才能再拥有新的，才有机会获得成功。这样的放弃其实是为了得到，在原谅别人的同时，我们放弃的是仇恨，得到的是宽恕。拿得起，也要放得下；反过来，放得下，才能拿得起。学会原谅，便是可以拿得起放得下的大作为。荒漠中的行者知道什么情况下必须扔掉过重的行囊，以减轻负担，保存体力，努力走出困境而求生。在人生的道路上，我们要减轻"伤害"的负载，就需要学会原谅，它给我们减少了成功的阻碍，让我们可以走得更远。